沉淀池结构设计实例
及优化分析

王　慧　王廷彦　著

科学出版社

北京

内 容 简 介

本书是一部研究净水厂沉淀池结构设计及优化理论的学术专著,集合了针对该类特种结构的理论分析、结构设计、静动力数值模拟及优化设计等内容,较为完整地总结和阐述了大型储水式结构的受力机理、抗震特性、优化流程及工程应用等领域取得的系列研究成果。本书构建了较为系统的沉淀池结构设计与分析的理论框架,并辅以工程应用,内容严谨且完整,各章内容既有联系又相对独立,具有一定的学术价值和工程应用参考价值。

本书可作为结构工程学科相关专业技术人员的设计参考书,也可作为高等院校相关专业教师和研究生的参考用书。

图书在版编目(CIP)数据

沉淀池结构设计实例及优化分析/王慧,王廷彦著. —北京:科学出版社,2022.9

ISBN 978-7-03-058655-1

Ⅰ. ①沉… Ⅱ. ①王… ②王… Ⅲ. ①沉淀池-结构设计 Ⅳ. ①TU991.23

中国版本图书馆 CIP 数据核字(2018)第 200889 号

责任编辑:王 钰/ 责任校对:王万红
责任印制:吕春珉 / 封面设计:东方人华平面设计部

科 学 出 版 社 出版
北京东黄城根北街 16 号
邮政编码:100717
http://www.sciencep.com
北京中科印刷有限公司 印刷
科学出版社发行 各地新华书店经销

*

2022 年 9 月第 一 版 开本:B5(720×1000)
2022 年 9 月第一次印刷 印张:11 1/2
字数:225 000

定价:98.00 元
(如有印装质量问题,我社负责调换〈中科〉)
销售部电话 010-62136230 编辑部电话 010-62137026

前　言

随着近年来城市建设步伐的加快,城市供水工程建设需求量日增。此类系统工程中单体量最大的是沉淀池结构,其安全工作的性能是保障整个供水系统正常运行的关键。沉淀池结构以各向延展板件为主要构件,虽然构件种类单一,但尺寸巨大,且受到多种蓄水工况影响,易在板件交界处及狭长板带中央形成受力及变形危险区,会对结构的长期稳定使用构成威胁。本书通过对结构开展静力及动力有限元分析,精准获取结构受力及变形性能参数,并通过与使用常规设计软件完成的结构设计方案进行对比,评价结构设计的合理性,进而从材料选择、钢筋布设、截面选择等方面提出优化方案。

本书以某净水厂沉淀池结构为研究对象,重点介绍了该结构的设计流程及施工图设计方案,并就蓄水和无水工况下池体的静、动力性能进行了系统研究。研究发现,在现有配筋情况下,满水工况时结构部分板面应力超限,易发生混凝土开裂,本书结合结构受力和变形的相关结论提出了调整材料性能、配筋量及构件截面造型等优化设计方案。本书分析论证可靠,体系严密完整,获取的结论可供设计者和科研工作者参考采纳,并可促进针对储水式特种结构抗震防灾性能的探索和认知。

本书主要研究成果包括:

(1)确立了针对大型储水池等特种结构的设计与优化方法。采用3D有限元分析方法对结构中钢筋布设、构件截面选型等进行合理性分析,总结了极端工况下结构受力性能和变形规律,并提出了结构优化设计方案。

(2)总结了对大型钢筋混凝土储水池结构的动力特性及在地震作用下的动力响应进行评价分析的方法。自主研发了与有限元通用软件配套的动水附加质量自动化加载程序及地震时程波加载程序，形成了针对储水池结构动力性能分析的基本方法，可为同类工程的抗震设计提供参考。

本书执笔者为华北水利水电大学王慧副教授和王廷彦副教授。中国市政工程中南设计研究总院有限公司程正江高级工程师对本书的撰写工作给予了大力支持，审阅了书稿并提出了许多建设性的意见，在此表示衷心的感谢！

由于水平所限，本书定存在不妥和需要改进之处，尚祈业界同仁不吝赐教指正。

作　者

2018 年 6 月

目　　录

第1章 绪 论

1.1 沉淀池结构简介

优质水源的净化流程包括输入原水—混合—沉淀—过滤—清水—出水，水厂需配套建设管式静态混合器、波形板絮凝池、平流沉淀池、气水冲洗滤池等水处理设施。按照工艺性能要求，水厂规划建设波形板反应池及平流沉淀池、减压阀井、提升泵房、管道混合器井、气水反冲滤池、清水池、加氯间、加药间、污泥沉淀池、污泥脱水机房及其余的配套建筑单体。

其中，沉淀池是水质处理的主要构筑物，主要依靠沉淀作用去除水中悬浮物，在污水处理中使用极为普遍。它不仅直接影响出水水质，同时由于其体量大、结构复杂，对水厂平面布置而言也是一个极其重要的决定因素。其分类方式有很多，按池内水流方向可分为平流式、辐流式、竖流式和斜板（或斜管）式4种。其为生化前或生化后泥水分离的构筑物，多分离颗粒较细的污泥，位于生化之前的池子称为初沉池，位于生化之后的池子称为二沉池。

平流式沉淀池呈长方形，污水从池的一端流入，水平方向流过池子，从池的另一端流出，见图1.1。它由进、出水口，水流部分和污泥斗3个部分组成，多用混凝土筑造，也可用砖石结构，或用砖石衬砌的土池。它构造简单，沉淀效果好，工作性能稳定，使用广泛，但占地面积较大，适用于地下水位较高及地质条件较均匀地区的大、中、小型污水处理厂。若加设刮泥机或对密度较大沉渣采用机械排除，则可提高沉淀池工作效率。为使入流污水均匀而稳定地进入沉淀池，进水区应有整流措施。入流处的挡板一般高出池水水面0.1～0.15m，挡板的浸没深度应不少于0.25m，一般为0.5～1.0m，挡板距进水口0.5～1.0m。出水堰不但可控制沉淀池内的水面高度，而且对沉淀池内水流的均匀分布有直接影响。锯齿形三角堰应用最普遍，水面宜位于齿高的1/2处。为适应水流的变化或构筑物的不均匀沉降，在堰口处需要设置能使堰板上下移动的调节装置，使出水堰口尽可能水平。堰前应设置挡板，以阻挡漂浮物，或设置浮渣收集和排除装置。挡板应当高出水面0.1～0.15m，浸没在水面下0.3～0.4m，距出水口处0.25～0.5m。多斗式沉淀池可以不设置机械刮泥设备。每个储泥斗单独设置排泥管，各自独立排泥，互不干扰，以保证沉泥的浓度。在池的宽度方向污泥斗一般不多于两排。

辐流式沉淀池也称辐射式沉淀池，池型多呈圆形，小型池子有时也采用正方形或多角形，见图1.2。池的进口在中央，出口在周围。但池径与池深之比，辐流池比竖流池大许多倍。其直径一般为20～30m，最大甚至可达100m，池中心深度为 2.5～5.0m，池周深度则为 1.5～3.0m。水流在池中呈水平方向向四周辐（射）流，由于过水断面面积不断变大，故池中的水流速度从池中心向池四周逐渐减慢。泥斗设在池中央，池底向中心倾斜，污泥通常用刮泥（或吸泥）机械排除，在池中心处设中心管，污水从池底的进水管进入中心管，在中心管的周围通常用穿孔障板围成入流区，使污水在沉淀池内得以均匀流动。流出区设置于池周，采用三角堰或淹没式溢流孔。为了拦截表面的漂浮物质，在出水堰前设置挡板和刮泥机等排出设备。辐流式沉淀池机械排泥设备复杂，对施工质量要求高；池内水流速不稳定，沉淀效果较差；适用于地下水位较高的地区及大中型污水处理厂。

图 1.1　平流式沉淀池实景

图 1.2　辐流式沉淀池实景

竖流式沉淀池池体平面为圆形或方形。污水由设在沉淀池中心的进水管自上而下排入池中，进水的出口下设伞形挡板，使污水在池中均匀分布，然后沿池的整个断面缓慢上升。悬浮物在重力作用下沉降到池底锥形污泥斗中，澄清水从池上端周围的溢流堰中排出。溢流堰前也可设浮渣槽和挡板，保证出水水质。这种池占地面积小,但深度大,池底为锥形,施工较困难。

近年新型的斜板(或斜管)式沉淀池在池中加设斜板或斜管,可以大大提高沉淀效率,缩短沉淀时间,减小沉淀池体积。但斜板、斜管具有易结垢、长生物膜、产生浮渣、维修工作量大、管材和板材寿命低等缺点。

一般来讲,影响沉淀池设计的主要因素包括:

(1)水量。各类沉淀池根据技术经济分析都有其相对适用的范围。例如,平流式沉淀池的长度基本与处理水量无关,当增大水量时仅需增加池宽,其单位水量的造价明显地随处理水量的增大而减小,因此该池型适合规模较大的水厂。

(2)原水条件。原水水质中浊度、含砂量及其他参数的变化都与沉淀效果有密切关系,并影响沉淀池的选型。例如,浊度特别低又富含藻类的原水就不适宜选用平流式沉淀池,而更合适采用气浮沉淀池。

(3)气候条件。冬季气候寒冷的地区沉淀池水面容易结冰,影响机械排泥设备的运行,一般需将沉淀池建于室内。平流式沉淀池面积较大,若建于室内,则投资明显增加,因此宜选用相对高效、占地较小的沉淀池。

(4)地形、地质条件。平流式沉淀池宜建在地形平坦而地质条件比较均匀的场地。若地形复杂、高低悬殊,采用平流式沉淀池将增加土石方量,其布置不如采用占地较小的沉淀池更灵活。

(5)高程布置。水厂构筑物之间一般采用重力流。沉淀池池深过浅时,必将增加后续处理构筑物的埋深。由于不同池型对水深要求不同,池深有时也影响池型的选用。

(6)占地面积。在水厂构筑物中沉淀池占地面积是比较大的,约为25%~40%。平流式沉淀池的一个主要缺点就是占地面积大,当水厂占地受到限制时,就会影响平流式沉淀池的选用。

(7)运行费用。运行费用主要涉及混凝剂的消耗、能耗、水耗、构筑物及设备的维修等,不同的沉淀池型在不同的使用条件下,其运行费用具有较大的差别。

(8)运行经验。不同的池型要达到理想的效果,除了设计的合理性外,运行管理也是一个非常重要的因素,往往形成具有各自特点的运行经验,在沉淀池型选择上要充分考虑这一点,同时还要考虑到当地的管理水平与选用池型的适应性。

1.2 研究背景

近年来,我国城镇人口迅速膨胀,城市建设步伐加快。作为重要基础配套设施的城市供水工程,建设节奏则相对缓慢,往往成为制约当地经济发展的瓶颈。同时,人民群众对生活品质的要求不断提升,对与身体健康息息相关的饮用水质量关注度越来越高。因此，建设一批设备先进、容量充足的自来水处理厂，改善供水条件，提高供水质量，是保障人民群众根本利益、促进城市发展的根本举措。

某县于 20 世纪 90 年代建成自来水厂一座，现供水人口约 7.5 万，最高日供水量为 2.4 万 t。但水厂的使用和改扩建都受到严重的制约，具体表现在：

（1）单水源单水厂的供水模式不能确保供水的安全性。

（2）水厂位于县城中心区，用地受到限制，没有预留水厂扩建的用地。

（3）城区配水管网管径偏小，管网末端流量小、水压低，新铺设的管道基本在老城区。截至目前，行政和工业新区的配水管网尚未形成，水厂净化水源不能输送至全县城各个地段。

（4）随着县城新兴工业区的建设及城镇规模扩大，近年来人口增量巨大，居民用水量激增，城区用水缺口较大。

根据县城人口增长预期，现规划建设一座远期日供水量达 6 万 t 的第二水厂，占地 34.5 亩（1 亩≈666.67m²）。水厂选址在地质条件较好、交通方便的某段坡地上。

针对本工程，拟选用平流式沉淀池。其池型呈长方形，污水从池的一端流入，水平方向流过沉淀池，从池的另一端流出，在池的进口处底部设储泥斗，其他部位池底有坡度，倾向储泥斗。它在对原水水量、水质的适应性及运转管理方面优于其他类型的沉淀池。

1.3　研　究　现　状

目前，针对沉淀池结构的研究大多集中在对其内部水流特性的模拟上，以水体内污泥颗粒浓度、水温效应、冬夏季温差等作为主要研究要素，研究固液两相作用对水流流态的影响。仅有个别学者对沉淀池结构的优化设计方法和施工技术等进行了提炼。

李雨阳等（2018）针对多层平板单元组合沉淀池，使用计算流体力学软件建立三维模型，对固液两相流进行了数值模拟，并从理论上解析了平板单元内部流场和污泥颗粒浓度场的情况。

涂朦朦（2014）以计算流体力学作为仿真计算平台，模拟水温对平流式二沉池和辐流式二沉池运行的影响。在改进的 RNG k-ε 紊流模型和简化的多相流混合模型的基础上，通过人机交互界面编写液相密度和黏度随温度变化的程序，建立温度数学模型，通过对比 Johnson 对水库水温变化的实测数据验证了模型和模拟方法的可靠性。

魏文礼等（2015，2016）选取 Realizable k-ε 湍流模型，在单纯考虑进水与池

内水温度差异的条件下，对辐流式沉淀池内冬季与夏季不同时刻异重流的演变规律进行了二维数值模拟。结果表明，由于温度不同，夏季低温水进入池内产生下异重流，而冬季高温水进入池内产生上异重流；冬、夏季存在由温差导致的异重流，会影响沉淀池的水流流态及污水处理效率。

贺卫宁等（2013）利用计算流体力学软件 Fluent 对邵东某水厂微涡流絮凝池和平流沉淀池之间的配水渠内流态进行了三维数值模拟，认为在进、出口之间设置弧形导流板后，配水渠内的流速分布得到了改善，平流式沉淀池实现了均匀进水，保证了絮凝沉淀的稳定进行。另外，通过大量的数值模拟，获得了导流板安装参数与配水渠尺寸的函数关系。

徐长贺等（2017）为研究絮凝作用在辐流式二沉池中的变化规律，采用 Ghadiri 模型模拟絮团的破碎机理，通过 UDF 自定义聚集核心相关函数，运用 RNG k-ε 紊流模型、混合模型及考虑速度差、布朗运动和紊动强度的聚合模型，对考虑絮凝作用的辐流式二沉池，在不同的入流速度和入流温度的工况下进行了三维数值模拟。

刘凤凯等（2014）为了了解竖流式二沉池的最佳工作效果，利用 RNG k-ε 紊流模型和混合模型，对其进行二维瞬态数值模拟，得到了不同运行时刻沉淀池内部的流场和污泥质量浓度分布等情况。研究结果表明，竖流式二沉池运行过程中流场变化较大，其间产生的回流区会导致不同程度的短流现象；运行至 2h 后沉淀池内流速分布逐渐均匀，平均沉淀时间接近设计值；随着池内污泥质量浓度的升高，有效沉淀高度会减小，应合理控制排泥间隔时间。

李睿等（2018）结合某污水厂新建的 12 座直径为 66m 的沉淀池工程，介绍了设计中分别采用补偿收缩混凝土和预应力筋解决水化热温差、干缩温差应力和环境温差应力效应，防止干缩裂缝和结构裂缝的技术。

事实上，针对沉淀池结构本身受力性能的影响尚未受到关注。针对这类大型储水式特种结构在常规水流荷载作用下及设计地震荷载作用下，混凝土结构是否会发生开裂，结构是否会产生过大变形，是评价结构安全工作性能的重要指标。因此有必要对大型沉淀池结构的静、动力性能进行系统性研究，为后期结构优化设计提供理论依据。

1.4 主要研究内容及研究意义

本书以某净水厂沉淀池结构为研究对象，确立其结构设计流程及施工图设计方案，并借助有限元数值计算手段，就各池均蓄水、部分池蓄水和各池无水工况下池体的静、动力性能进行详细分析；将常规软件设计结果与有限元分析结果进行对比，明确结构超限工况，并提出优化处理思路，以促进对储水式特种结构静力性能及抗震防灾性能的探索和认知（胡聿贤，1988；张玉峰，2008）。主要研究内容如下。

1. 确立沉淀池结构的计算与设计方案

结合沉淀池结构基本设计条件，使用常规结构设计软件对结构进行受力分析及配筋计算，确立结构的设计流程及施工图设计方案。

2. 对结构静力性能开展有限元分析

以大型有限元软件 ANSYS 为平台，使用块体单元 Solid 65，并考虑钢筋弥散效应，建立沉淀池结构三维有限元整体式模型。根据结构组成特点，将其划分为 3 个分区。设计各分区均无水、各分区交替有水及各分区均有水的工况，研究结构在基本静力荷载作用下的受力及变形性能，明确结构危险工况及危险区域，以评价其安全性能并开展优化设计。

3. 对结构动力性能开展有限元分析

以大型有限元软件 ANSYS 为平台，使用块体单元 Solid 65 和质量单元 Mass 21，并考虑钢筋弥散效应，建立储水式沉淀池结构三维有限元整体式模型。设计各分区均无水、各分区交替有水及各分区均有水的工况，研究结构在多遇地震作用下的受力及变形性能，明确结构危险工况及危险区域，以评价其安全性能并开展优化设计。

4. 提出优化设计方案

针对结构危险工况及危险区域的受力及变形特点，考虑通过调整材料性能、配筋量及构件截面选型等方法，进行结构方案的优化，探索对大型储水式结构优化设计的主要途径。

本书针对大型储水式沉淀池的结构设计方案及其有限元模拟下的静、动力性能开展广泛分析，对沉淀池结构在各类受载工况下的受力及变形性能进行评价，并探索进行结构优化设计的路径，将理论研究成果与工程实践紧密结合，实现了理论成果与科技生产力的互通。研究意义在于：

（1）确立了针对大型储水池等特种结构的设计与优化方法。采用 3D 有限元分析方法对结构中钢筋布设、构件截面选型等进行合理性分析，总结了极端工况下结构的受力性能和变形规律，并提出了结构优化设计方案。

（2）总结了对大型钢筋混凝土储水池结构的动力特性及在地震作用下的动力响应进行评价分析的方法；自主研发了与有限元通用软件配套的动水附加质量自动化加载程序及地震时程波加载程序，形成了针对储水池结构动力性能分析的基本方法，可为同类工程的抗震设计提供参考。

第2章　沉淀池结构设计

2.1　结构设计资料

1．工程地质及水文条件

拟建水厂位于某水库附近，整个拟建场区地形未平整，钻孔高程为117.17～142.76m，最大高差为25.59m，构筑物设计地面高程为125.0m，最大高差为17.76m，最小高差为-7.83m。本场地最大开挖深度18.00m左右，回填深度8m左右，在开挖过程中对各岩土层地质边坡放坡。

经钻孔揭露，在钻孔勘探深度范围内，场区地层自上而下共分为7层，其特性如下。

（1）第1-①层：素填土。黄色及灰黄色，湿，可塑，主要由粉质黏土夹少量碎石组成，孔隙较大，干强度较低，为高压缩性土层。局部分布，仅在第ZK-3号孔可见；层面处标高为121.33m。

（2）第1-②层：淤泥质粉质黏土。灰黑色，湿，流塑-软塑，土质较均匀，嗅有腐臭味，局部含有少量砾石，干强度低，为高压缩性土层。局部分布，在污泥干化厂ZK-3号孔可见，层厚为1.50m，层面处标高为118.33m；仓库及机修间ZK303-1号孔可见，层厚为1.50m，层面处标高为117.84m。

（3）第2-①层：粉质黏土。黄色及灰色，稍湿，可塑，主要由粉质黏土夹少量砾石组成，土质较均匀，干强度较高，韧性中等，无摇振反应，为中等压缩性土层。局部分布，在波形板絮凝及斜管沉淀池ZK102-3、ZK102-5号孔可见，层厚为3.00～7.10m，层面处标高为125.31～129.12m；清水池ZK104-1号孔可见，层厚为1.80m，层面处标高为125.96m；加药间ZK105-1、ZK105-2号孔可见，层厚为2.0～3.0m，层面处标高为117.65～119.51m；消能井ZK108-1、ZK108-2号孔可见，层厚均为4.90m，层面处标高为124.17～125.36m。

（4）第2-②层：砂质黏性土。第四系沉积物形成，红褐色，湿，硬塑，主要由粉质黏土、圆砾、中粗砂等组成，无摇震反应；其中粉质黏土含量为50%～60%；圆砾含量为5%～15%，呈次圆状；中粗砂含量为25%～35%，粒径一般为0.1～2mm，呈次棱角状；砾砂主要成分为砂岩碎屑及石英颗粒，为中等压缩性土层。局部分布，在污泥池 ZK-1 号孔可见，层厚为 1.50m，层面处标高为 130.64m；清水池 ZK104-1、ZK104-2、ZK104-4 号孔可见，层厚为 2.20～5.10m，层面处标高为 116.98～124.16m；加氯间 ZK106-1、ZK106-2 号孔可见，层厚为 4.00～8.50m，层面处标高为 135.48～142.38m；滤池设备间及变配电间 ZK107-1、ZK107-2 号孔可见，层厚为 2.80～3.20m，层面处标高为 120.37～122.06m；综合楼 ZK301-2 号孔可见，层厚为 1.50m，层面处标高为 128.51m。

（5）第 3 层：卵石土。为上更新统冲洪积形成，灰色及灰黄色，含少量漂石，湿，稍密，砾径大于 6cm，多为 6～20cm，颗粒含量为 50%～60%；砾径大于 20cm 颗粒含量为 15%～25%，最大砾径可达 30～40cm，呈次圆状，成分以砂岩为主，呈交错排列，大部分接触，孔隙为砾石土及黏土充填。局部分布，在污泥干化厂 ZK-3、ZK-5 号孔可见，层厚为 1.50～6.00m，层面处标高为 116.83～117.17m；波形板絮凝及斜管沉淀池 ZK102-3 号孔可见，层厚为 2.50m，层面处标高为 122.31m；加药间 ZK105-2 号孔可见，层厚为 3.00m，层面处标高为 117.65m。

（6）第 4-①层：强风化红砂岩。红褐色，强风化，泥钙质胶结，层状结构，块状构造，节理裂隙发育，无岩芯，用镐可挖，岩石长期暴露在空气中，雨水浸泡后易软化崩塌。全场地分布；最薄处为 2.90m，见于 ZK104-2 号孔；最厚处为 17.30m，见于 ZK102-4 号孔；平均厚度为 12.45m；层面最高处标高为 142.76m，见于 ZK102-4 号孔；层面最低处标高为 111.17m，见于 ZK-5 号孔；平均标高为 124.27m。

（7）第 4-②层：中风化红砂岩。红褐色，中风化，泥钙质胶结，层状结构，块状构造，节理裂隙较发育，岩芯呈碎块或短柱状，芯长一般为 2～5cm，岩石质量等级为 V 类。本次钻探未穿透该层，深入该层 1.40～8.0m，分别见于 ZK303-1、ZK106-1 号孔；钻探的平均厚度为 4.63m；层面最高处标高为 125.46m，见于 ZK102-4 号孔；层面最低处标高为 100.74m，见于 ZK303-1 号孔；平均标高为 112.66m。

建议的各岩土层承载力特征值见表 2.1。

表 2.1　建议的各岩土层承载力特征值

地层编号	岩土名称	岩土试验		野外试验		综合取值		
		F_{ak}/kPa	E_s/MPa	N/击	F_{ak}/kPa	F_{ak}/kPa	E_s/MPa	α_{1-2}/MPa^{-1}
1-①	素填土			$N_{10}=15$	100	80	6.00	
1-②	淤泥质粉质黏土			$N_{10}=13$	80	60	4.0	

续表

地层编号	岩土名称	岩土试验		野外试验		综合取值		
		F_{ak}/kPa	E_s/MPa	N/击	F_{ak}/kPa	F_{ak}/kPa	E_s/MPa	α_{1-2}/MPa^{-1}
2-①	粉质黏土	185	9.23	$N_{标贯}$=11	175	180	9.23	0.18
2-②	砂质黏性土	190	9.42	$N_{标贯}$=12	200	190	9.42	0.17
3	卵石土			N_{120}=5	300	280	22.00	
4-①	强风化红砂岩			N_{120}=7	420	400	28.00	
4-②	中风化红砂岩	$R_{饱}$=8.16MPa				800		

注：F_{ak} 为承载力特征值；E_s 为变形模量；N 为锤击数；α_{1-2} 为压缩系数；$R_{饱}$ 为饱水抗压强度。

勘察期间测得地下水位为 0.50～12.50m，地下水位标高为 105.41～140.46m，属于上层滞水。上层滞水主要接受大气降水和地表水的补给，排泄于沟谷、低洼地带，其分布范围和水量受季节影响显著。

根据勘察资料和建筑场区无工厂及污染源的事实，并结合对场区地下水试验结果得知，场区地下水及土对构筑物混凝土及钢筋混凝土中钢筋无腐蚀，对钢结构具有弱腐蚀。

2. 抗震设防条件

本地区抗震设防烈度为 7 度，设计基本地震加速度值为 0.10g，设计地震分组为第一组，场地土类型为软弱土，场地类别为 II 类，构筑物的设计特征周期为 0.35s。本建筑场区不会发生滑坡、崩塌、震陷等地质现象，为可进行建设的一般场地。

3. 结构设计标准

本工程盛水构筑物的钢筋混凝土构件裂缝控制标准为不超过 0.2mm。构筑物主体结构的使用期限不低于 50 年。

4. 地基处理

按照水厂的地坪设计标高，厂区需进行挖填方处理，填方区采用分层碾压或夯实的方式回填，压实系数不低于 0.95。厂区建（构）筑物基础主要以粉质黏土作为主要结构持力层。

5. 抗浮设计

由于该厂区坐落地点的地下水主要受大气降水渗入补给，地下水排泄条件好，水厂运行中构筑物不会受地下水影响，故不需要考虑抗浮问题。但是需考虑放空水池进行检修及设备更换时构筑物的抗浮设计。各构筑物均采用自重抗浮。

6. 构筑物变形缝设计

按照我国现行结构设计规范,对大型盛水构筑物应设置变形缝或膨胀加强带,以满足结构温度变形的要求。本工程变形缝的设置一般控制在 20m 左右,变形缝宽 30mm,均采用橡胶止水带连接,以低发泡聚乙烯填缝板分隔,外露表面采用双组分聚硫防水密封膏嵌缝,底板下采用遇水膨胀橡胶条。

7. 材料

混凝土:普通盛水构筑物采用强度等级 C30,抗渗等级 S6;素混凝土垫层采用强度等级 C10。本工程构筑物结构混凝土应采用低碱水泥,混凝土内总碱含量应符合我国《混凝土碱含量限值标准》(CECS 53:93)的要求。

砌体结构:砖砌体均采用 MU15 非黏土砖,地面以上采用 M10 混合砂浆砌筑。

钢筋:热轧钢筋 HRB335。

焊条:E50 型,用于 HRB335 级钢的焊接。

8. 受力钢筋混凝土保护层厚度

盛水构筑物内侧:35mm。

盛水构筑物外侧:35mm。

盛水构筑物底板:40mm。

9. 材料容重及强度

折板絮凝平流沉淀池设计地面高程为 124.00m,池底标高为 123.80m,地面式水池无抗浮问题。

池内最高水位:反应池为 4.50m,平流池为 3.40m(工艺提供的极端水位)。

水容重:10.0kN/m³。

水泥砂浆容重:20kN/m³。

钢筋混凝土容重:25kN/m³,抗浮计算时为 24kN/m³。

回填土容重:20kN/m³,浮容重 10kN/m³。

C30 混凝土:抗拉强度设计值 $f_t = 1.43 MPa$,抗压强度设计值 $f_c = 14.3 MPa$。

C10 混凝土:$f_t = 1.27 MPa$。

HRB335 级钢筋:屈服强度设计值 $f_y = 300 MPa$。

10. 设计工况

考虑空池和满池 4 种计算工况:①池内无水;②左、右池均满水;③左池满水,右池无水;④左池无水,右池满水。

2.2 沉淀池主要板件计算

2.2.1 左池横向外端墙

1. 计算条件（图 2.1）

（1）工况：外侧无土，内侧满水。

（2）边界条件（左端/下端/右端/上端）：固端/固端/固端/自由。

（3）三角形静水压力标准值：

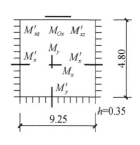

$$g_{k1}=45\text{kN/m}$$

图 2.1 左池横向端板几何尺寸示意图 1（单位：m）

（4）荷载的基本组合值：

$$\text{板面 } Q=\text{Max}\{Q(L), Q(D)\}=\text{Max}\{45\text{kN/m}, 45\text{kN/m}\}=45\text{kN/m}$$

（5）计算跨度 $L_x=9250\text{mm}$，$L_y=4800\text{mm}$；板厚度 $h=350\text{mm}$（$h=L_y/14$）。

（6）混凝土强度等级为 C30，混凝土抗压强度设计值 $f_c=14.3\text{N/mm}^2$，混凝土抗拉强度设计值 $f_t=1.43\text{N/mm}^2$，混凝土抗拉强度标准值 $f_{tk}=2.01\text{N/mm}^2$。

（7）钢筋抗拉强度设计值 $f_y=300\text{N/mm}^2$，弹性模量 $E_s=200000\text{N/mm}^2$。

（8）纵筋的混凝土保护层厚度：板底 $c=15\text{mm}$，板面 $c'=15\text{mm}$。

（9）裂缝宽度验算时执行的规范：《城市给水工程项目规范》（GB 55026—2022）。

2. 配筋计算

使用 MorGain 结构快速设计程序，获得计算结果如下。

（1）平行于 L_x 方向的跨中弯矩 M_x：

$$M_x=17.24\text{kN·m};$$

$$A_{sx}=176\text{mm}^2, \ a_s=21\text{mm}, \ \zeta=0.011, \ \rho=0.05\%, \ \rho_{min}=0.21\%, \ A_{s,min}=752\text{mm}^2;$$

$$\text{实配纵筋：} \Phi12@150 \ (A_s=754\text{mm}^2);$$

$$\omega_{max}=0.066\text{mm}$$

式中：A_{sx} 为跨中 x 向计算配筋面积；a_s 为受拉区合力点至混凝土边缘距离；ζ 为受压区相对高度；ρ 为计算配筋率；ρ_{min} 为最小配筋率；$A_{s,min}$ 为最小配筋面积；A_s 为实际配筋面积；ω_{max} 为最大裂缝宽度。

（2）平行于 L_x 方向自由边的跨中中点弯矩 M_{Ox}：

$$M_{Ox}=27.64\text{kN·m};$$

$$A_{sOx}=283\text{mm}^2, \ a_s=21\text{mm}, \ \zeta=0.018, \ \rho=0.09\%, \ \rho_{min}=0.21\%, \ A_{s,min}=752\text{mm};$$

$$\text{实配纵筋：} \Phi12@150 \ (A_s=754\text{mm}^2);$$

$$\omega_{max}=0.106\text{mm}$$

式中：A_{sOx} 为自由边跨中 x 向计算配筋面积。

（3）平行于 L_y 方向的跨中弯矩 M_y：

$$M_{yk}=16.23\text{kN·m}, \quad M_{yq}=16.23\text{kN·m},$$

$$M_y=\text{Max}\{M_y(L), M_y(D)\}=\text{Max}\{16.23\text{kN·m}, 16.23\text{kN·m}\}=16.23\text{kN·m};$$

$A_{sy}=173\text{mm}$，$a_s=35\text{mm}$，$\xi=0.011$，$\rho=0.05\%$，$\rho_{min}=0.21\%$，$A_{s,min}=752\text{mm}$；

实配纵筋：$\Phi12@150$（$A_s=754\text{mm}^2$）；

$$\omega_{max}=0.069\text{mm}$$

（4）沿 L_x 方向的支座弯矩 M_x'：

$$M_{xk}'=-50.66\text{kN·m}, \quad M_{xq}'=-50.66\text{kN·m},$$

$$M_x'=\text{Max}\{M_x'(L), M_x'(D)\}=\text{Max}\{-50.66\text{kN·m}, -50.66\text{kN·m}\}=-50.66\text{kN·m};$$

$A_{sx}'=522\text{mm}$，$a_s'=21\text{mm}$，$\xi=0.033$，$\rho=0.16\%$，$\rho_{min}=0.21\%$，$A_{s,min}=752\text{mm}$；

实配纵筋：$\Phi12@150$（$A_s=754\text{mm}^2$）；

$$\omega_{max}=0.195\text{mm}$$

设计配筋：保护层 30，$\Phi14@200$（$A_s=770\text{ mm}^2$），极限抗弯承载力设计值 M_u；

$$\omega_{max}=0.241\text{mm}<0.25\text{mm};$$

$$M_u=0.41\text{kN·m}>1.27\times50.66\text{kN·m}=64.34\text{kN·m}$$

（5）沿 L_y 方向的支座弯矩 M_y'：

$$M_{yk}'=-85.26\text{kN·m}, \quad M_{yq}'=-85.26\text{kN·m},$$

$$M_y'=\text{Max}\{M_y'(L), M_y'(D)\}=\text{Max}\{-85.26\text{kN·m}, -85.26\text{kN·m}\}=-85.26\text{kN·m};$$

$A_{sy}'=889\text{mm}$，$a_s'=21\text{mm}$，$\xi=0.057$，$\rho=0.27\%$

实配纵筋：$\Phi12@110$（$A_s=1028\text{mm}^2$）；$\omega_{max}=0.180\text{mm}$

设计配筋：保护层 44，$\Phi14/\Phi12@100$（$A_s=1335\text{mm}^2$）；

$$\omega_{max}=0.158\text{mm}<0.25\text{mm};$$

$$M_u=114.34\text{kN·m}>1.27\times85.26\text{kN·m}=108.28\text{kN·m}$$

2.2.2　左池横向内墙

1. 计算条件（图 2.2）

（1）工况：内侧满水。

（2）边界条件（左端/下端/右端/上端）：固端/固端/固端/自由。

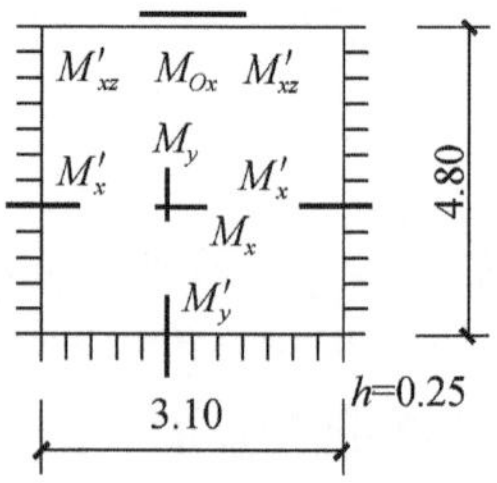

图 2.2　左池横向端板几何尺寸示意图 2（单位：m）

（3）三角形静水压力标准值：

$$g_{k1}=45\text{kN/m}$$

（4）荷载的基本组合值：

板面 $Q=\text{Max}\{Q(L), Q(D)\}=\text{Max}\{45\text{kN/m}, 45\text{kN/m}\}=45\text{kN/m}$

（5）计算跨度 $L_x=3100\text{mm}$，$L_y=4800\text{mm}$；板的厚度 $h=250\text{mm}$（$h=L_x/12$）。

（6）混凝土强度等级为 C30，$f_c=14.3\text{N/mm}^2$，$f_t=1.43\text{N/mm}^2$，$f_{tk}=2.01\text{N/mm}^2$。

（7）钢筋抗拉强度设计值 f_y=300N/mm^2，弹性模量 E_s=200000N/mm^2。

（8）纵筋的混凝土保护层厚度：板底 c=15mm，板面 c'=15mm。

（9）裂缝宽度验算时执行的规范：《城市给水工程项目规范》（GB 55026—2022）。

2. 配筋计算

使用 MorGain 结构快速设计程序，获得计算结果如下。

（1）平行于 L_x 方向的跨中弯矩 M_x：

$$M_{xk}=6.31\text{kN·m}, \quad M_{xq}=6.31\text{kN·m},$$

$$M_x=\text{Max}\{M_x(L), M_x(D)\}=\text{Max}\{6.31\text{kN·m}, 6.31\text{kN·m}\}=6.31\text{kN·m};$$

A_{sx}=92mm，a_s=21mm，ζ=0.008，ρ=0.04%，ρ_{min}=0.21%，$A_{s,min}$=537mm；

实配纵筋：Φ12@200（A_s=565mm^2）；

$$\omega_{max}=0.044\text{mm}$$

（2）平行于 L_x 方向自由边的跨中中点弯矩 M_{Ox}：

$$M_{Oxk}=2.11\text{kN·m}, \quad M_{Oxq}=2.11\text{kN·m},$$

$$M_{Ox}=\text{Max}\{M_{Ox}(L), M_{Ox}(D)\}=\text{Max}\{2.11\text{kN·m}, 2.11\text{kN·m}\}=2.11\text{kN·m};$$

A_{sOx}=31mm，a_s=21mm，ζ=0.003，ρ=0.01%，ρ_{min}=0.21%，$A_{s,min}$=537mm；

实配纵筋：Φ12@200（A_s=565mm^2）；

$$\omega_{max}=0.015\text{mm}$$

（3）平行于 L_y 方向的跨中弯矩 M_y：

$$M_{yk}=2.52\text{kN·m}, \quad M_{yq}=2.52\text{kN·m},$$

$$M_y=\text{Max}\{M_y(L), M_y(D)\}=\text{Max}\{2.52\text{kN·m}, 2.52\text{kN·m}\}=2.52\text{kN·m};$$

A_{sy}=39mm，a_s=33mm，ζ=0.004，ρ=0.02%，ρ_{min}=0.21%，$A_{s,min}$=537mm；

实配纵筋：Φ12@200（A_s=565mm^2）；

$$\omega_{max}=0.020\text{mm}$$

（4）沿 L_x 方向的支座弯矩 M_x'：

$$M_{xk}'=-13.14\text{kN·m}, \quad M_{xq}'=-13.14\text{kN·m},$$

$$M_x'=\text{Max}\{M_x'(L), M_x'(D)\}=\text{Max}\{-13.14\text{kN·m}, -13.14\text{kN·m}\}=-13.14\text{kN·m};$$

A_{sx}'=193mm，a_s'=21mm，ζ=0.018，ρ=0.08%，ρ_{min}=0.21%，$A_{s,min}$=537mm；

实配纵筋：Φ12@200（A_s=565mm^2）；

$$\omega_{max}=0.092\text{mm}$$

设计配筋：保护层 30mm，考虑与相邻池壁水平弯矩平衡，配筋 Φ14@100（A_s=1540mm^2）；

$$\omega_{max}=0.027\text{mm}<0.25\text{mm}$$

$$M_u=79.89\text{kN·m}>1.27\times13.14\text{kN·m}=16.69\text{kN·m}$$

（5）沿 L_y 方向的支座弯矩 M_y'：

$$M'_{yk} = -14.30\text{kN·m}, \quad M'_{yq} = -14.30\text{kN·m},$$

$$M'_y = \text{Max}\{ M'_y(L), M'_y(D)\} = \text{Max}\{-14.30\text{kN·m}, -14.30\text{kN·m}\} = -14.30\text{kN·m};$$

$$A'_{sy} = 210\text{mm}, \quad a'_s = 21\text{mm}, \quad \xi = 0.019, \quad \rho = 0.09\%, \quad \rho_{min} = 0.21\%, \quad A_{s,min} = 537\text{mm};$$

实配纵筋：$\Phi 12@200$（$A_s = 565\text{mm}^2$）；

$$\omega_{max} = 0.101\text{mm}$$

设计配筋：保护层 44mm，$\Phi 14@200$（$A_s = 770\text{mm}^2$）；

$$\omega_{max} = 0.085\text{mm} < 0.25\text{mm};$$

$$M_u = 44.09\text{kN·m} > 1.27 \times 14.30\text{kN·m} = 18.16\text{kN·m}$$

2.2.3　左池纵向端墙

1. 计算条件

（1）工况：外侧无土，内侧满水。

（2）边界条件（左端/下端/右端/上端）：固端/固端/固端/自由（图2.3）。

（3）三角形静水压力标准值：

$$g_{k1} = 45\text{kN/m}$$

（4）荷载的基本组合值

板面 $Q = \text{Max}\{Q(L), Q(D)\} = \text{Max}\{45\text{kN/m}, 45\text{kN/m}\} = 45\text{kN/m}$

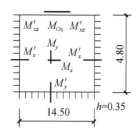

图 2.3　左池纵向端板

几何尺寸示意图（单位：m）

2. 配筋计算

使用 MorGain 结构快速设计程序，获得计算结果如下。

由于板的长宽比 $L/H = 14.50/4.8 = 3.0208 > 3$，故竖向按单向悬臂板计算，水平向角隅处负弯矩按《给水排水工程钢筋混凝土水池结构设计规程》（CECS 138：2002）第 6.1.3 条规定计算。m_c 为角隅处最大水平向弯矩系数。

（1）$M'_{xk} = m_c Q H^2 = -0.104 \times (45\text{kN/m}) \times (4.8\text{m})^2 \approx -107.83\text{kN·m}$。

设计配筋：保护层 30mm，$\Phi 14@100$（$A_s = 1540\text{mm}^2$）；

$$\omega_{max} = 0.202\text{mm} < 0.25\text{mm};$$

$$M_u = 137.09\text{kN·m} > 1.27 \times 107.83\text{kN·m} = 136.94\text{kN·m}$$

（2）$M'_{yk} = -151.88\text{kN·m}$。

设计配筋：保护层 44mm，$\Phi 14@100$（$A_s = 1540$）；

$$\omega_{max} = 0.214\text{mm} < 0.25\text{mm};$$

$$M_u = 196.52\text{kN·m} > 1.27 \times 151.88\text{kN·m} = 192.89\text{kN·m}$$

2.2.4　右池纵向端墙

1. 计算条件

（1）工况：外侧无土，内侧满水。

（2）边界条件（左端/下端/右端/上端）：固端/固端/固端/自由。

（3）三角形静水压力标准值：

$$g_{k1}=34kN/m$$

（4）荷载的基本组合值

板面 Q=Max{$Q(L)$, $Q(D)$}=Max{34kN/m, 34kN/m}=34kN/m

2. 配筋计算

使用 MorGain 结构快速设计程序，获得计算结果如下。

竖向按单向悬臂板计算，水平向角隅处负弯矩按《给水排水工程钢筋混凝土水池结构设计规程》（CECS 138：2002）第 6.1.3 条规定计算。

（1）$M'_{xk}=m_cQH^2$ $= -0.104×(34kN/m)×(4.0m)^2 ≈ -56.58kN·m$。

右池横向端板对本池壁产生的拉力：

$$R_{HO}=\gamma_{HO}QL=0.0944×(34kN/m)×(9.25m) ≈ 29.69kN。$$

设计配筋：保护层 30mm，Φ14@100（A_s=1540mm^2）；

$$\omega_{max}=0.088mm<0.25mm；$$

$$M_u=137.09kN·m>56.58 kN·m$$

（2）M'_{yk} =−65.50kN·m。

设计配筋：保护层 44mm，Φ14@100（A_s=1540mm^2）；

$$\omega_{max}=0.128mm<0.25mm；$$

$$M_u=130.63kN·m>1.27×65.50kN·m=83.19kN·m$$

2.2.5 右池横向外端墙

1. 计算条件（图 2.4）

（1）工况：外侧无土，内侧满水。

（2）边界条件（左端/下端/右端/上端）：固端/固端/固端/自由。

（3）三角形静水压力标准值：

$$g_{k1}=34kN/m$$

（4）荷载的基本组合值：

板面 Q=Max{$Q(L)$, $Q(D)$}=Max{34kN/m, 34kN/m}=34kN/m

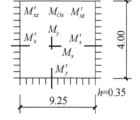

图 2.4 右池横向端板几何
尺寸示意图（单位：m）

（5）计算跨度 L_x=9250mm，L_y=4000mm；板的厚度 h=350mm（$h=L_y$/11）。

（6）混凝土强度等级为 C30，f_c=14.3N/mm^2，f_t=1.43N/mm^2，f_{tk}=2.01N/mm^2。

（7）钢筋抗拉强度设计值 f_y=300N/mm^2，E_s=200000N/mm^2。

（8）纵筋的混凝土保护层厚度：板底 c=15mm，板面 c'=15mm。

（9）裂缝宽度验算时执行的规范：《城市给水工程项目规范》（GB 55026—2022）。

2. 配筋计算

使用 MorGain 结构快速设计程序，获得计算结果如下。

（1）平行于 L_x 方向的跨中弯矩 M_x：

$$M_{xk}=9.02kN\cdot m, \quad M_{xq}=9.02kN\cdot m,$$

$$M_x=\text{Max}\{M_x(L), M_x(D)\}=\text{Max}\{9.02kN\cdot m, 9.02kN\cdot m\}=9.02kN\cdot m;$$

$A_{sx}=92mm$，$a_s=21mm$，$\zeta=0.006$，$\rho=0.03\%$，$\rho_{min}=0.21\%$，$A_{s,min}=752mm$；

实配纵筋：$\Phi12@150$（$A_s=754mm^2$）；

$$\omega_{max}=0.035mm$$

（2）平行于 L_x 方向自由边的跨中中点弯矩 M_{Ox}：

$$M_{Oxk}=16.60kN\cdot m, \quad M_{Oxq}=16.60kN\cdot m,$$

$$M_{Ox}=\text{Max}\{M_{Ox}(L), M_{Ox}(D)\}=\text{Max}\{16.60kN\cdot m, 16.60kN\cdot m\}=16.60kN\cdot m;$$

$A_{sOx}=169mm$，$a_s=21mm$，$\zeta=0.011$，$\rho=0.05\%$，$\rho_{min}=0.21\%$，$A_{s,min}=752mm$；

实配纵筋：$\Phi12@150$（$A_s=754mm^2$）；

$$\omega_{max}=0.064mm$$

（3）平行于 L_y 方向的跨中弯矩 M_y：

$$M_{yk}=7.64kN\cdot m, \quad M_{yq}=7.64kN\cdot m,$$

$$M_y=\text{Max}\{M_y(L), M_y(D)\}=\text{Max}\{7.64kN\cdot m, 7.64kN\cdot m\}=7.64kN\cdot m;$$

$A_{sy}=81mm$，$a_s=35mm$，$\zeta=0.005$，$\rho=0.03\%$，$\rho_{min}=0.21\%$，$A_{s,min}=752mm$；

实配纵筋：$\Phi12@150$（$A_s=754mm^2$）；

$$\omega_{max}=0.033mm$$

（4）沿 L_x 方向的支座弯矩 M'_x：

$$M'_{xk}=-31.02kN\cdot m, \quad M'_{xq}=-31.02kN\cdot m,$$

$$M'_x=\text{Max}\{M'_x(L), M'_x(D)\}=\text{Max}\{-31.02kN\cdot m, -31.02kN\cdot m\}=-31.02kN\cdot m;$$

$A'_{sx}=317mm$，$a'_s=21mm$，$\zeta=0.020$，$\rho=0.10\%$，$\rho_{min}=0.21\%$，$A_{s,min}=752mm$；

实配纵筋：$\Phi12@150$（$A_s=754mm^2$）；

$$\omega_{max}=0.119mm$$

设计配筋：保护层 30mm，$\Phi14@100$（$A_s=1540mm^2$）；

$$\omega_{max}=0.088mm<0.25mm;$$

$$M_u=137.09kN\cdot m>1.27\times61.57kN\cdot m=78.19kN\cdot m$$

（5）沿 L_y 方向的支座弯矩 M'_y：

$$M'_{yk}=-59.60kN\cdot m, \quad M'_{yq}=-59.60kN\cdot m,$$

$$M'_y=\text{Max}\{M'_y(L), M'_y(D)\}=\text{Max}\{-59.60kN\cdot m, -59.60kN\cdot m\}=-59.60kN\cdot m;$$

$A'_{sy}=616mm$，$a'_s=21mm$，$\zeta=0.039$，$\rho=0.19\%$，$\rho_{min}=0.21\%$，$A_{s,min}=752mm$；

实配纵筋：$\Phi12@150$（$A_s=754mm^2$）；

$$\omega_{max}=0.229mm$$

设计配筋：保护层 44mm，$\pm 14@100$（A_s=1540mm²）；

$$\omega_{max}=0.090mm<0.25mm;$$

$$M_u=130.63kN\cdot m>1.27\times59.60kN\cdot m=75.69kN\cdot m$$

2.2.6　底板

底板跨中上层钢筋按构造配筋，角隅区的钢筋按与相应池壁弯矩平衡原则配筋。

2.3　沉淀池结构设计说明

2.3.1　设计依据

1. 自然条件

（1）基本风压：0.35kN/m²。

（2）本工程抗震设防烈度为 7 度，设计基本地震加速度值为 0.10g，设计地震分组为第一组。

（3）构筑物为乙类建筑，建筑场地类别为Ⅱ类。结构安全等级为二级，地基基础设计等级为丙级。混凝土环境类别为二类 a。

2. 设计使用年限

设计基准期为 50 年。结构设计使用年限为 50 年。

3. 工程地质及场地土类型

场地土的工程地质特征详见 2.1 节。场区地下水及土对构筑物混凝土及钢筋混凝土中钢筋无腐蚀性，对钢结构具有弱腐蚀性。

4. 设计所依据的主要规范规程

《建筑结构荷载规范》（GB 50009—2012）。

《建筑抗震设计规范（2016 年版）》（GB 50011—2010）。

《城市给水工程项目规范》（GB 55026—2022）。

《给水排水工程钢筋混凝土水池结构设计规程》（CECS 138：2002）。

2.3.2　主要材料

混凝土强度等级：垫层为 C15，填料为 C15，其余均为 C30。

混凝土抗渗等级：仅底板、壁板及水渠等挡水结构要求 S6，其余不做要求。

钢筋：HPB300 级热轧钢筋，强度设计值 f_y=270N/mm²；HRB335 级热轧钢筋，强度设计值 f_y=300N/mm²。

钢筋必须经物理化学试验，有出厂合格证，且要进行复验，合格后方可用于施工。

型钢、钢板：钢制构件采用 Q235 钢。

焊条：焊接采用的焊条型号应与钢筋（含钢材）的材质及焊接工艺相配套。

砖砌体：M10 水泥砂浆砌 MU15 蒸压灰砂砖。

2.3.3　地基处理

本构筑物原地面标高为 117.840～142.000m，要求构筑物以第 2-①层粉质黏土、第 2-②层砂质黏性土、第 3 层卵石土、第 4-①层强风化红砂岩和第 4-②层中风化红砂岩为持力层。在构筑物范围内，当红砂岩面高于垫层底以下 0.3m 时，应开挖至垫层底面以下 0.3m 处；当持力层面低于垫层底以下 0.3m 时，应首先清除素填土和淤泥质粉质黏土，并将持力层面挖成台阶状，每级台阶高差为 0.5m。然后用 M7.5 水泥砂浆砌 MU30 毛石至垫层底以下 0.3m 处。

浆砌毛石的平面范围，两侧以排泥渠底板 C10 素混凝土垫层外缘为齐，左端以底板外缘以外 0.3m 为齐。当浆砌毛石位于构筑物的变形缝处时，应在该处用 20mm 厚沥青杉木板将两侧浆砌毛石分隔。垫层底以下 0.3m 范围内用粉质黏土密实回填，压实系数不小于 0.97。

1. 钢筋混凝土工程

1）一般规定

（1）混凝土保护层厚度：底板下层为 40mm，底板上层及侧面为 30mm，池壁为 30mm，梁柱为 30mm，走道板为 20mm。注：各构件（除底板上层钢筋）中可以采用不低于相应混凝土构件强度等级的素混凝土垫块来控制主筋保护层厚度。

（2）C30 混凝土中受拉钢筋的最小锚固长度：HPB300 级钢筋为 $32d$（d 为锚固钢筋直径），HRB335 级钢筋为 $31d$。当相关构件厚度不能满足最小锚固长度时，钢筋应弯折且弯折后的直段长度不小于 $12d$。绑扎搭接接头的最小搭接长度：HPB300 级钢筋为 $39d$，HRB335 级钢筋为 $38d$。钢筋绑扎搭接接头面积应不大于 25%，搭接区段长度为 1.3 倍搭接长度。

2）钢筋制作

（1）钢筋接头优先采用闪光接触对焊。采用搭接焊时，双面焊长度为 $5d$，单面焊长度为 $10d$（d 为被焊钢筋直径）。

（2）箍筋：均采用封闭箍筋，HPB300 级钢筋，须弯成 135°。

（3）壁板的水平钢筋接头应采用焊接，同一截面上接头面积应不超过 50%，连接区段的长度为 $35d$ 且不小于 500mm；壁板竖向钢筋优先采用焊接，焊接要求同前。当采用绑扎搭接接头时，应符合"1）一般规定"第（2）条的要求。

（4）要求孔洞加强环向钢筋必须采用焊接接头。

（5）梁主筋接头位置：负筋（上筋）应在跨中 1/3 范围内，正筋（下筋）应在距支座 1/3 范围内接头。采用焊接接头时，焊接接头应符合"2）钢筋制作"第（3）条的要求。

（6）当孔洞直径或宽度小于等于 300mm 时，钢筋遇孔洞时应绕过，且不做加强处理；大于 300mm 时，钢筋应尽量绕过孔洞，如必须截断钢筋，则在该筋平面的孔洞两侧按设计要求配置孔洞加强钢筋，其每侧加强钢筋的间距宜为 50mm；矩形孔口的四角应各配一根与孔口成 45° 的斜筋，直径同被截断钢筋，角点两侧的长度各不小于 35d；圆形孔口应配置环筋，其直径按设计要求，环筋的半径应比孔口半径大 50mm，采用搭接焊接，单面焊接长度不小于 10d；截断钢筋应在孔洞边缘弯折，并与环筋或矩形孔口加强筋贴角焊接。

（7）壁板与壁板相交处，壁板水平筋应有壁板竖向通长筋作架立筋，当壁板厚度大于 300mm 时，架立筋间尚应均匀布置间距为 150～250mm 的壁板竖向通长筋；当相交壁板中竖向通长筋的直径不等时，应取大者。当壁板与壁板为 L 形相交时，壁板相交处的外侧竖向架立筋的间距不应大于 100mm。

（8）壁板与底板相交处，壁板竖向筋应有底板通长筋作架立筋，当壁板厚度大于 300mm 时，架立筋间尚应均匀布置间距为 150～250mm 的底板通长筋；当底板两侧通长筋的直径不等时，应取大者。

（9）撑铁纵、横向间距为 1000mm，其直径、形式由施工单位确定。

3）模板制作

（1）壁板模板应选用两端能够拆卸的螺栓固定模板，螺栓中部必须加焊方形止水环。螺栓拆卸后，壁板表面应留有 40～50mm 深的锥形槽，并采用 1:1 防水水泥砂浆填实抹平。

（2）模板安装和拆除应按《城市给水工程项目规范》（GB 55026—2022）规定执行。

（3）混凝土悬挑构件必须待混凝土强度达到 100%且上部结构施工完毕后，方可拆除底模及其支撑。

4）混凝土制作

（1）宜采用普通硅酸盐水泥。水灰比不应大于 0.50。混凝土内的总含碱量不应超过 3.00kg/m³。

（2）除施工缝外，每层混凝土必须在前一层混凝土初凝前浇筑完成。底板及顶板应一次连续浇捣，不得留施工缝，并要随打随抹。

（3）冬期施工时不得掺用氯盐类防冻剂，不得用明火提高环境温度，应按《混凝土结构工程施工质量验收规范》（GB 50204—2015）及《城市给水工程项目规范》（GB 55026—2022）的相应规定施工。

（4）混凝土养护应符合《城市给水工程项目规范》（GB 55026—2022）的规定。

（5）防水钢筋混凝土构件中均应掺入防水抗裂剂（微膨胀），掺量（等效替代水泥量）应在符合混凝土强度、抗渗等级及限制膨胀率的前提下通过级配试验确定。

（6）抗裂防水剂（微膨胀型）外加剂应满足《混凝土膨胀剂》（GB/T 23439—2017）、《砂浆、混凝土防水剂》（JC 474—2008）和《补偿收缩混凝土应用技术规程》（JGJ/T 178—2009）的要求。

（7）混凝土配合比设计和施工应满足《普通混凝土配合比设计规程》（JGJ 55—2011）和《混凝土结构工程施工质量验收规范》（GB 50204—2015）的规定。

2. 施工缝、变形缝

不允许设置垂直施工缝。壁板（中隔墙）水平施工缝的位置应设在底板顶面以上 300mm 处、顶板下表面以下 300mm 处。施工缝处混凝土表面应凿毛并用水冲刷干净，方可进行下一步施工。

施工缝和变形缝是壁板易产生渗漏的薄弱环节，故必须严格按《城市给水工程项目规范》（GB 55026—2022）规定施工，不得渗水。

施工缝位置混凝土应细致捣实，涂刷界面剂，使新旧混凝土紧密结合。

3. 砌体结构

砖砌体施工质量控制等级为 B 级。

砖砌体灰缝务必饱满，不留竖向通缝，砖块在砌筑前应浸水湿透。

砌体砌筑前，应先铺 1∶2 水泥砂浆找平，厚度不大于 10mm（第一皮砖不得干铺在底板或顶板上）。

壁板（柱）应按图 2.5 所示预埋拉结钢筋，拉结钢筋沿竖向@500 设置，伸入导流墙的长度为 1000mm。

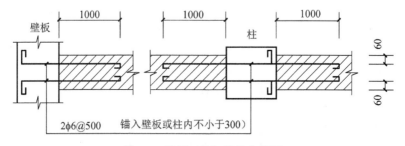

图 2.5　壁板（柱）结构布置图

4. 施工注意事项

构筑物的施工应按先地下后地上、先深后浅的顺序进行。

基础施工前应进行钎探、验槽，如发现土质与地勘报告不符合或不满足设计要求，须会同勘察、施工、设计、建设监理单位协商研究处理。

开挖基坑时应注意边坡稳定，定期观测其对周围道路市政设施和构筑物有无不利影响。

施工前必须做好基坑支护工作。施工期间应防止基坑内积水而破坏水池，要求做到：

（1）必须采取有效措施，保证基坑排水通畅，在基坑回填之前，基坑排水不能停止。

（2）基坑回填应在试水合格以后进行，并应及时回填。回填土宜用黏性土，均匀对称回填，分层夯实；每层填土务必连续、均匀、对称回填，一次填完，以免造成不均匀荷载。压实系数不小于 0.94。

（3）所有预留孔洞及预埋件，务必根据有关图纸的要求在施工中一次预留或预埋，不得事后凿孔。

（4）钢筋下料加工应按配筋图现场放样，经检查无误后方可施工。本工程中所有池壁和底板等部位的撑铁除已注明外均由施工单位自行设置。

5. 满水试验要求

满水试验必须在整个水池混凝土达到设计强度后进行。

向水池充水宜分 3 次进行，第一次充水至设计水深的 1/3；第二次充水至设计水深的 2/3；第三次充水至设计水深。

充水时水位上升速度不宜超过 2m/d，相邻两次充水的间隔时间不应小于 24h。

每次充水宜测量 24h 的水位下降值，计算渗水量；在充水过程中和充水以后，应对水池做外观检查，当发现渗水量过大时，应停止充水，待做出处理后方可继续充水。

应满足《城市给水工程项目规范》（GB 55026—2022）规定。水池渗水量按池壁和池底的浸润总面积计算。

6. 补充说明

施工图中所注尺寸以毫米（mm）计，高程以米（m）计（相对标高）。±0.000 相当于国家高程基准 123.800m。在设计使用年限内未经技术鉴定或设计许可，不得改变结构用途和使用环境。

2.4　沉淀池结构施工图

主要结构施工图包括：

（1）沉淀池 1.000 标高结构布置图（图 2.6）。

（2）沉淀池底板配筋图（图 2.7）。

（3）沉淀池 A 区池壁配筋图（图 2.8）。

（4）沉淀池 B、C 区池壁配筋图（图 2.9）。

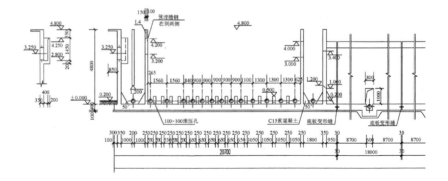

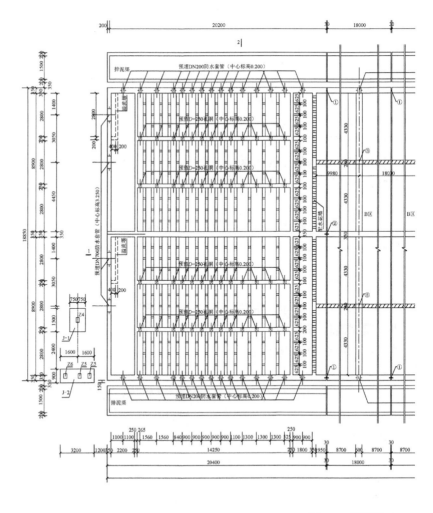

图 2.6　沉淀池 1.000

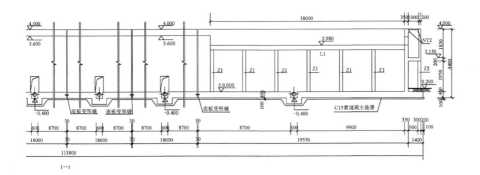

1—1

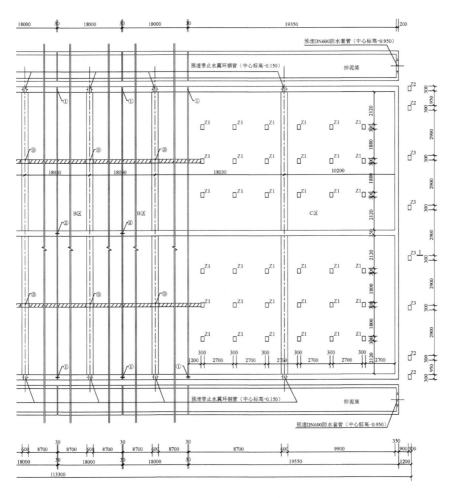

注：尺寸单位mm，标高单位m。

标高结构布置图

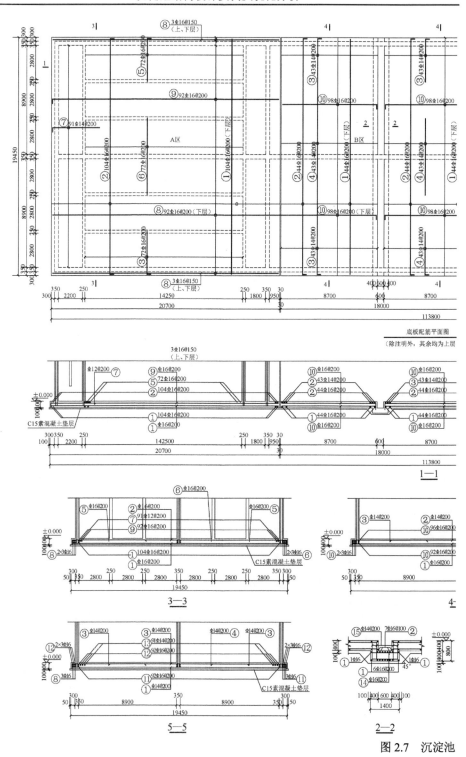

图 2.7　沉淀池

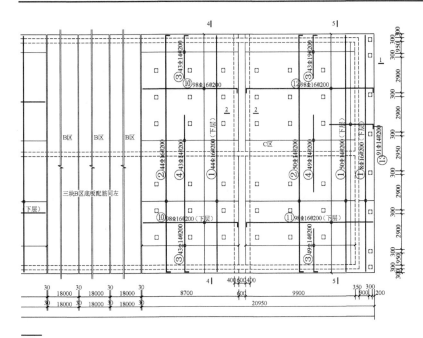

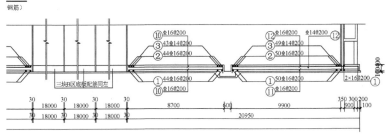

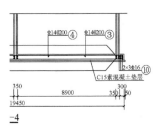

钢筋表			
构件名称	编号	简图	直径/mm
底板	1	19390	φ16
	2	19390	φ16
	3	3700	φ14
	4	6500	φ14
	5	3700	φ16
	6	6500	φ16
	7	4050	φ14
	8	20640	φ16

钢筋表			
构件名称	编号	简图	直径/mm
底板	9	20640	φ16
	10	8640	φ16
	11	11590	φ16
	12	11590	φ16
	13	4800	φ14
	14	1340	φ16
	15	730	φ16

注：
（1）尺寸单位mm；标高单位m。±0.000相当于1985国家高程基准123.800m。
（2）混凝土强度等级：垫层为C15；其余均为C30，抗渗等级S6。
（3）钢筋采用HPB300（φ）和HRB335（Φ）。
（4）保护层厚度：底板下层为40mm；上层及侧面为30mm，池壁为30mm。

底板配筋图

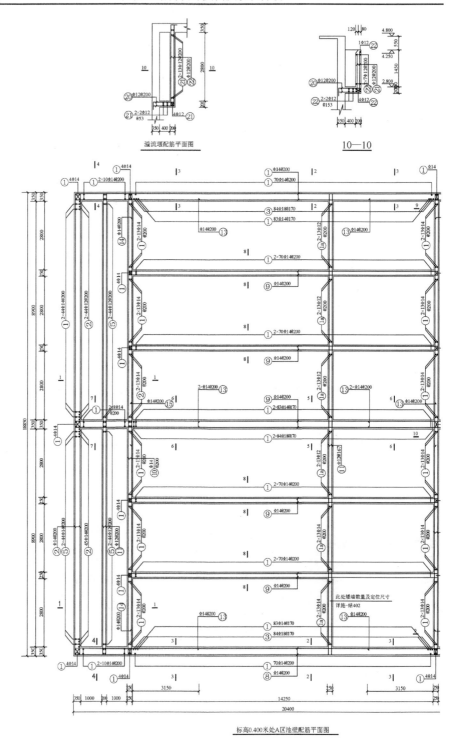

溢流堰配筋平面图　　　　　　10—10

标高0.400米处A区池壁配筋平面图

图 2.8　沉淀池

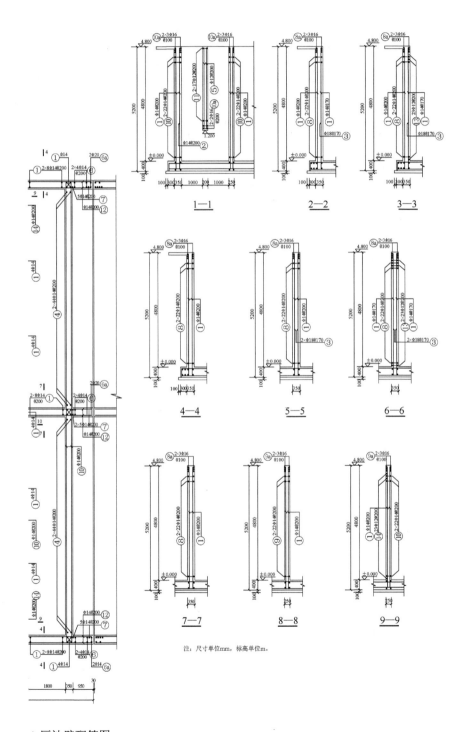

注：尺寸单位mm，标高单位m。

A 区池壁配筋图

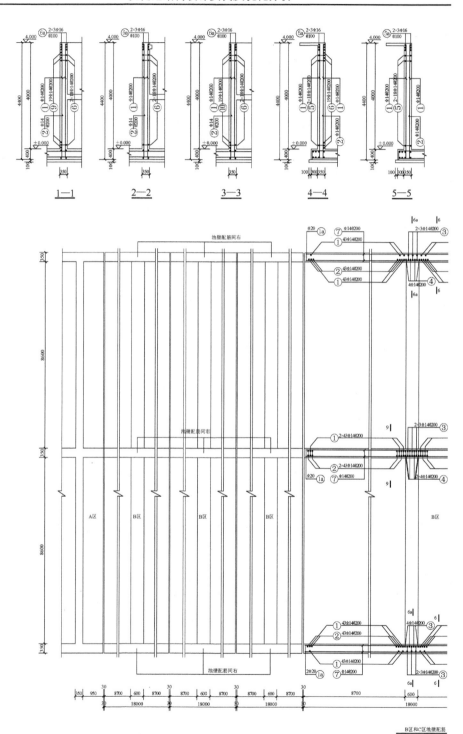

图 2.9 沉淀池 B、

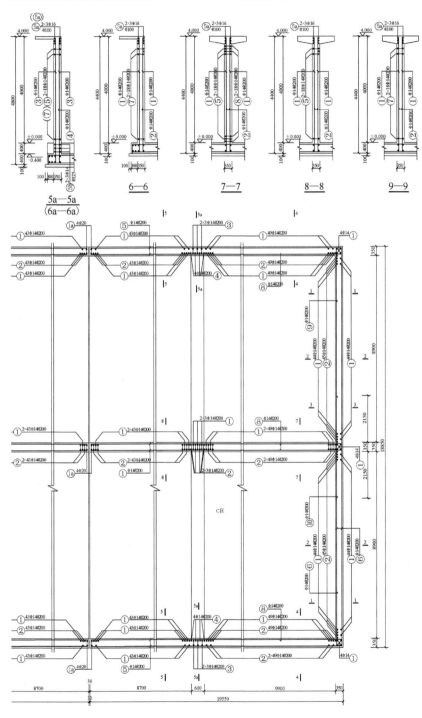

平面图　注：尺寸单位mm，标高单位m。

C 区池壁配筋图

第3章 沉淀池结构静力有限元分析

在沉淀池结构设计过程中，采用 3D 有限元模型进行了沉淀池静力作用下应力和变形分析，以验证材料选用、截面选择和配筋量的合理性，并根据计算结果提出了优化处理方案。

3.1 工 程 概 况

沉淀池结构分 A、B、C 共 3 个分区，总长度 112.10m，总宽度 18.85m。A 区池壁高 4.80m，池外壁墙体厚 0.35m，内部隔墙厚 0.25m；B 区池壁高 4.00m，内部导流墙高 3.60m，池外壁墙体厚 0.35m，内部隔墙厚 0.25m；C 区池壁高 4.00m，池外壁墙体厚 0.35m，内部设 36 根 0.30m×0.30m×2.98m 立柱。A 区最大蓄水高度 4.5m，B、C 区最大蓄水高度 3.4m。A、B、C 区结构布置情况见图 3.1。

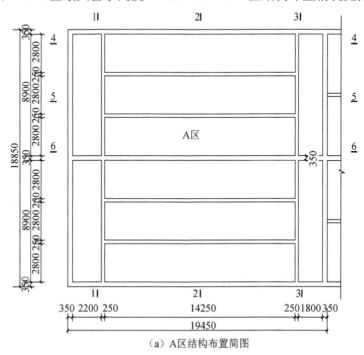

（a）A区结构布置简图

图 3.1 沉淀池各分区结构布置图

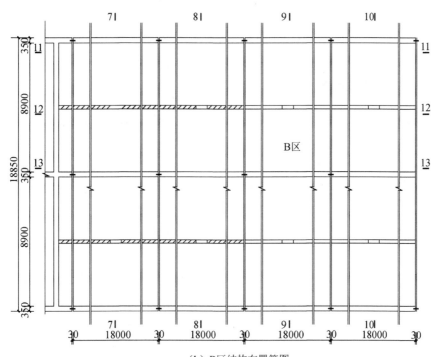

（b）B区结构布置简图

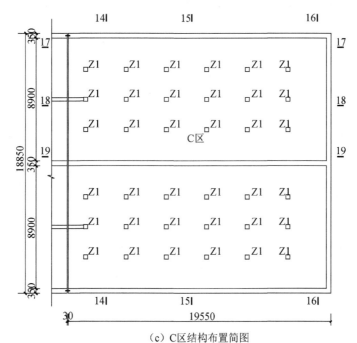

（c）C区结构布置简图

图 3.1（续）

3.2　有限元分析理论

3.2.1　有限元分析步骤

有限元分析可分成 3 个阶段，即前置处理、计算求解和后置处理。前置处理是建立有限元模型，完成单元网格划分；后置处理则是采集处理分析结果，使用户能简便提取信息，了解计算结果（刘浩，2014；曾森等，2016）。

对于不同物理性质和数学模型的问题，有限元求解法的具体步骤是相同的，即：

（1）问题及求解域定义：根据实际问题近似确定求解域的物理性质和几何区域。

（2）建立结构模型：确定工作文件，定义单元类型、实常数、材料属性，构建结构模型，将求解域离散化。将求解域近似为具有不同有限大小和形状且彼此相连的有限个单元组成的离散域，习惯上称之为有限元网络划分。单元越小（网格越细），则离散域的近似程度越好，计算结果也越精确，但计算量及误差都将增大，因此求解域的离散化是有限元法的核心技术之一。为保证问题求解的收敛性，单元推导有许多原则要遵循。对工程应用而言，重要的是应注意每一种单元的解题性能与约束。例如，单元形状应以规则为好，畸形时不仅精度低，而且会导致无法求解。

（3）施加载荷和边界条件：根据工程具体分析要求，等效简化边界约束，计算承受荷载，并进行布置。

（4）总装求解：将单元总装形成离散域的总矩阵方程（联合方程组），反映对近似求解域的离散域的要求，即单元函数的连续性要满足一定的连续条件。总装在相邻单元节点进行，状态变量及其导数（可能的话）的连续性建立在节点处。

（5）联立方程组求解和结果解释：有限元法最终产生联立方程组。联立方程组的求解可用直接法、迭代法和随机法。求解结果是单元节点处状态变量的近似值。对于计算结果的质量，将通过与设计准则提供的允许值比较来评价并确定是否需要重复计算。

（6）评价和分析结果：可以通过控制输出模式，根据需要得到各种有关的力学性能参数，以表格、图形、动画等各种形式输出运行结果，并对其进行分析评价。或根据结果调整结构方案，修改结构模型，重新进行分析。通过修改不同的运行参数，得到不同的结构方案，从而为工程项目的方案确定提供理论依据。

3.2.2　钢筋混凝土结构建模方法

钢筋混凝土结构不同于一般均质材料，它是由钢筋和混凝土两种材料构成的，一般钢筋被包围在混凝土之中，而且相对体积较小，建立结构有限元模型需考虑这些特性。构成钢筋混凝土结构的有限元模型主要有分离式模型、整体式模型和组合式模型 3 类。

1. 分离式模型

分离式模型把混凝土和钢筋作为不同的单元来处理，即混凝土和钢筋各自被划分为足够小的单元。考虑到钢筋是一种细长材料，可以将钢筋作为线性单元处理（如 ANSYS 中的 Link 单元、Pipe 单元）。混凝土可采用六面体实体单元（如 ANSYS 中的 Solid 65 单元、Solid 45 单元等）。在该模型中，可以通过在钢筋和混凝土之间插入连接单元来模拟钢筋和混凝土之间的黏结和滑移。若钢筋和混凝土之间的黏结很好，不会有相对滑移，则可视为刚性连接，可以不考虑连接单元问题。

2. 整体式模型

整体式模型假设钢筋分布于整个单元中，并把单元视为连续均匀材料（如 ANSYS 中的六面体实体单元 Solid 65），选择混凝土材料时采用混凝土–钢筋复合的本构关系（如给定 Solid 65 单元在三维空间各个方向的钢筋材料编号、位置、角度和配筋率），把混凝土、钢筋二者的贡献组合起来，一次求得综合的单元刚度矩阵。

3. 组合式模型

组合式模型假设钢筋以一个确定的角度分布在整个单元中，并假设混凝土与钢筋之间存在着良好的黏结，认为两者之间无滑移。该模型适用于局部应力分析中，在整体大结构分析中建模则过于烦琐，计算工作量过大。

分离式模型的优点是可以考虑钢筋和混凝土之间的黏结和滑移；整体式模型则无此特点，认为混凝土和钢筋之间黏结良好且是刚性连接。就建模和计算而言，分离式模型建模复杂，尤其是钢筋较多且布置复杂时，计算不易收敛，但其结果更符合实际。整体式模型建模简单，计算易于收敛，但计算结果较分离式模型粗略。对于实际钢筋混凝土结构，由于结构构件多，钢筋布置复杂，建议采用整体式模型进行分析，其结果也足够精确；对于单个构件，如简支梁或柱，且要考虑其他因素影响时，可采用分离式模型进行分析，以便于数值分析与试验结果对比分析，从而获得参数分析结果。本章对结构的静力分析采用整体式模型。

3.2.3　单元类型

在大型有限元分析软件 ANSYS 中，Solid 65 是一个常用的单元，通常用来模拟钢筋混凝土。单纯模拟混凝土时，其参数主要包括弹性模量、泊松比、张开与闭合滑移面的剪切强度缩减系数、抗拉与抗压强度及极限双轴抗压强度、周围静水应力状态、静水应力状态下单轴与双轴压缩的极限抗压强度与断裂发生时的刚度乘子。

Solid 65 单元为八节点六面体单元，可通过定义 3 个方向的配筋率考虑 3 个方向的钢筋。钢筋可受拉或受压，但不可受剪。混凝土材料可通过选取非线性模型考虑塑性变形和徐变。Concerte 材料模型的基本参数有开裂截面和裂缝闭合截面的剪切传递参数，单轴和多轴抗拉、抗压强度等。

Solid 65 单元包含两部分：一部分是和一般的八节点空间实体单元 Solid 45 相同的实体单元模型，但是加入了混凝土的三维强度准则；另一部分是由弥散钢筋单元组成的整体式钢筋模型，它可以在三维空间的不同方向分别设定钢筋的位置、角度、配筋率等参数。

Solid 65 单元需要提供的数据如下。

（1）实参数。给定 Solid 65 单元在三维空间各个方向的钢筋材料编号、位置、角度和配筋率。

（2）材料模型。确定混凝土和钢筋材料的弹性模量、泊松比、密度。对于墙、板等钢筋分布比较密集而又均匀的构件形式，一般使用整体式钢筋混凝土模型。

（3）数据表。给定钢筋和混凝土的本构关系（陈明祥，2017）。对于钢筋材料，需要给定一个应力-应变关系数据表，如双折线等强硬化模型。对于混凝土模型，则需要两个数据表：一个是本构关系数据表，如多线性随动强化塑性模型，用来定义混凝土的应力应变关系；另一个则是 Solid 65 特有的混凝土单元数据表，用于定义混凝土的强度准则，如单向和多向拉压强度等。Solid 65 单元的特性及应力输出结果见图 3.2 和图 3.3。

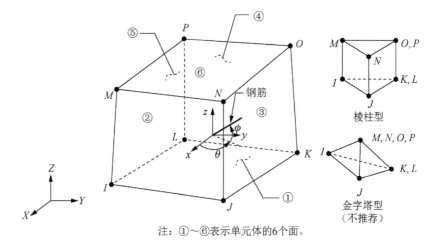

图 3.2　Solid 65 单元的特性

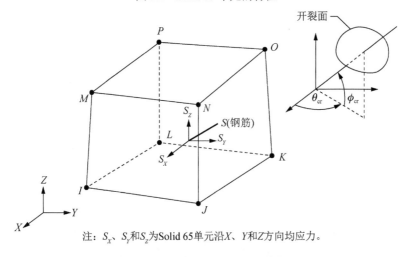

注：S_X、S_Y和S_Z为Solid 65单元沿X、Y和Z方向均应力。

图 3.3　Solid 65 单元的应力输出结果

3.3　有限元数值模型

采用 Solid 65 单元模拟沉淀池结构及下覆岩层。根据沉淀池结构平面尺寸及埋深,确定沿沉淀池横向岩层宽度为 128.85m,沿沉淀池纵向岩层长度为 312.10m,岩层深度为 20m。

混凝土材料为 C30,密度ρ=2500kg/m^3,抗压强度设计值 f_c=14.3N/mm^2,抗拉强度设计值 f_t=1.43N/mm^2,弹性模量 E_c=3.00×10^4 N/mm^2,泊松比 ν=0.167;板内主要采用 HRB335 级热轧钢筋,密度ρ=7850kg/m^3,强度设计值 f_y=300N/mm^2,

弹性模量 E_c=2.06×10^5 N/mm^2，泊松比 v=0.3。各板面考虑双层双向钢筋的加强作用，调整混凝土计算单元的实常数，实现整体建模。

岩层土质主要为粉质黏土和卵石土。粉质黏土密度 ρ=1850kg/m^3，泊松比 v=0.25，压缩模量 E_0=9.68 N/mm^2，黏聚力 c=0.276N/mm^2，摩擦角 φ=19.50°；卵石土密度 ρ=1500kg/m^3，泊松比 v=0.29，压缩模量 E_0=22N/mm^2，黏聚力 c=0，摩擦角 φ=35°。地基岩层考虑土体材料弹塑性性质，单元采用 Druck-Prager 屈服准则。

对岩层底部施加三向固定约束，各侧面施加法向约束。

沉淀池及岩层三维有限元模型见图3.4，其中 x、y、z 坐标轴分别对应沉淀池结构纵向、竖向和横向。模型总单元数约为34000，总节点数约为41500。

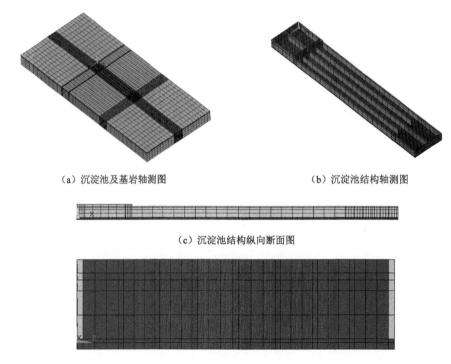

（a）沉淀池及基岩轴测图　　　　　　　（b）沉淀池结构轴测图

（c）沉淀池结构纵向断面图

（d）沉淀池结构横向断面图

注：整体式模型中，纵墙主要配置 x 向和 y 向钢筋网，横墙主要配置 y 向和 z 向钢筋网，底板主要配置 x 向和 z 向钢筋网。

图3.4　沉淀池及岩层三维有限元模型

A、B、C 各分区结构有限元模型见图3.5。

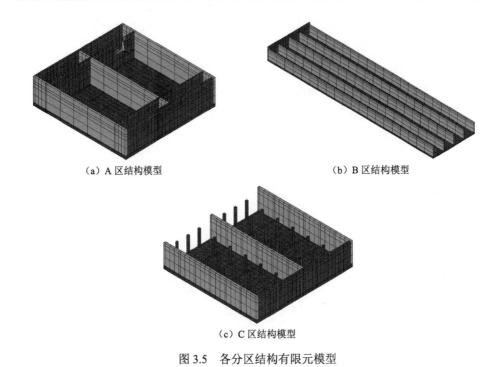

（a）A 区结构模型　　　　　　　　　（b）B 区结构模型

（c）C 区结构模型

图 3.5　各分区结构有限元模型

3.4　数值分析计算成果

3.4.1　工况 1 静力分析

工况 1——A、B、C 池内均无水。

1. A 区结构

1）A 区结构应力分析

沉淀池结构 A 区板件应力 σ_x、σ_y 和 σ_z 分布情况见图 3.6。图 3.6（a）中，沿沉淀池纵向分布的 σ_x 最大拉应力出现在底板底面，为 0.31MPa；最大压应力出现在底板上表面，为 -0.25MPa；其余板面应力集中在 -0.12~0.12MPa，应力值普遍较小，未超出混凝土强度设计值。应力集中位置主要在纵横板交界处，如池内横墙与底板交界处[*]。

图 3.6（b）中，沿沉淀池竖向分布的 σ_y 最大拉应力出现在底板与纵墙交界处，为 0.03MPa；最大压应力出现在底板与横墙交界处，为 -0.45MPa；其余板面应力

---

　　* 为表述方便，本书所给的应力均为截面的法向应力（即正应力），数值中的负号表示方向，拉应力为正，压应力为负。压应力比较大小以其绝对值为依据，最大压应力指其绝对值最大。

集中在-0.23~0.03MPa。该向应力主要由结构重力引起，故普遍表现为压应力。应力值普遍较小，未超出混凝土强度设计值。

图 3.6（c）中，沿沉淀池横向分布的σ_z最大拉应力出现在底板与中纵墙交界处的底面，为 0.57MPa；最大压应力出现在该处底板上表面，为-0.49MPa；其余板面应力集中在-0.02~0.22MPa，应力值普遍较小，未超出混凝土强度设计值。应力集中位置主要出现在池内中纵墙与底板交界处。

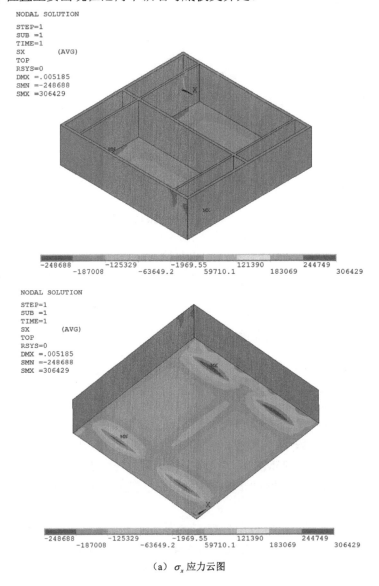

（a）σ_x应力云图

图 3.6　工况 1 沉淀池 A 区结构各向应力云图（单位：Pa）

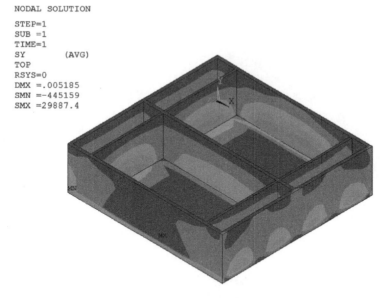

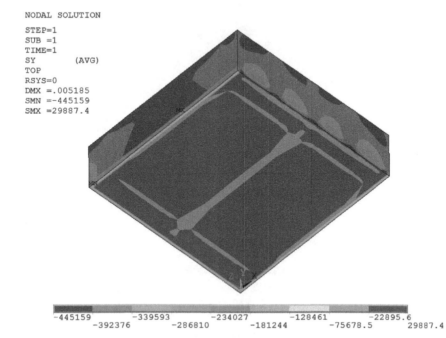

（b）σ_y 应力云图

图 3.6（续）

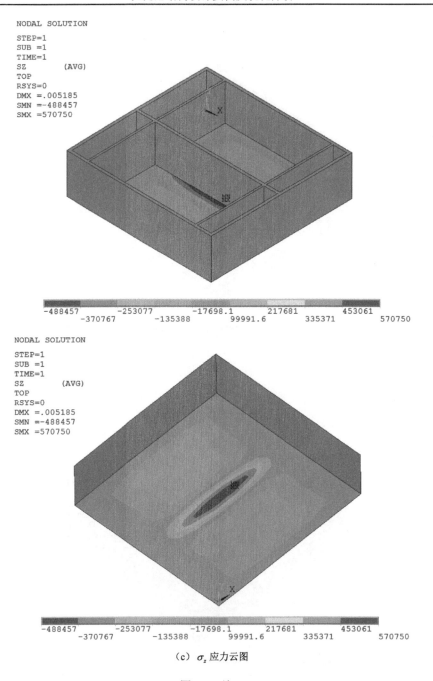

（c）σ_z 应力云图

图 3.6（续）

　　依照图 3.1 中各分区结构布置图，选取沉淀池 A 区沿纵向 $x=1.0\text{m}$、$x=8.5\text{m}$ 和 $x=17.5\text{m}$ 处为关键横断面（分别对应图 3.1 中 1—1、2—2、3—3 断面），纵墙

沿配筋方向应力分布情况见图 3.7。图 3.7（a）中，x =8.5m 处中纵墙顶端和外纵墙的外侧出现明显沿 x 向受拉区，拉应力峰值低于 0.07MPa，其余板面基本沿 x 向受压，压应力控制在-0.12MPa 以内。

图 3.7（b）中，x=8.5m 处外纵墙外侧根部出现沿 y 向较小范围的受拉区，拉应力峰值低于 0.07MPa，其余板面基本沿 y 向受压，压应力控制在-0.16MPa 以内。纵墙配置沿 x 向和 y 向双层双向钢筋网，按照 2.4 节结构施工图描述的配筋情况，各板面应力均满足设计要求。

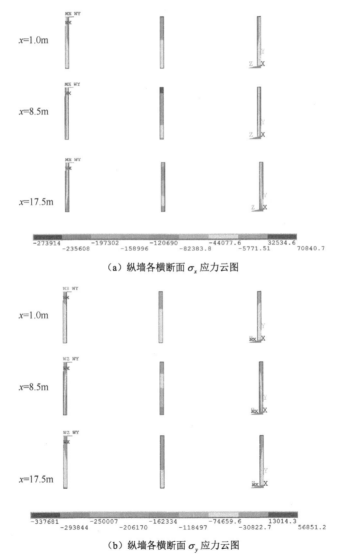

（a）纵墙各横断面 σ_x 应力云图

（b）纵墙各横断面 σ_y 应力云图

图 3.7　工况 1 沉淀池 A 区纵墙主要断面应力云图（单位：Pa）

　　依照图 3.1 中各分区结构布置图，选取沉淀池 A 区沿横向 $z=0.4m$、$z=5.1m$ 和 $z=9.2m$ 处为关键纵断面（分别对应图 3.1 中 4—4、5—5、6—6 断面），横墙沿配筋方向应力分布情况见图 3.8。图 3.8(a)中，各横墙沿 z 向均以受压为主，$z=5.1m$ 处横墙压应力相对较大，峰值控制在 0.16MPa 以内。

　　图 3.8（b）中，各板面沿 z 向也以受压为主，压应力峰值控制在-0.08MPa 以内，但在 $z=8.5m$ 处各墙体顶部出现受拉区，拉应力峰值不超过 0.12MPa。横墙配置沿 y 向和 z 向双层双向钢筋网，按照 2.4 节结构施工图描述的配筋情况，各板面应力均满足设计要求。

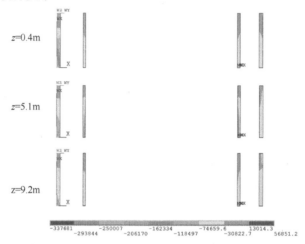

（a）横墙各纵断面 σ_y 应力云图

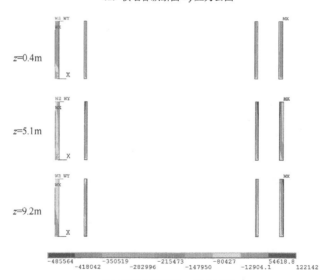

（b）横墙各纵断面 σ_z 应力云图

图 3.8　工况 1 沉淀池 A 区横墙主要断面应力云图（单位：Pa）

　　依照图 3.1 中各分区结构布置图，选取沉淀池 A 区沿纵向 $x=1.0m$、$x=8.5m$ 和 $x=17.5m$ 处为关键横断面（分别对应图 3.1 中 1—1、2—2、3—3 断面），底板沿配筋方向 x 向应力分布情况见图 3.9（a）。$x=1.0m$ 和 $x=17.5m$ 处板底沿 x 向受拉，拉应力峰值在 0.3MPa 以内；$x=8.5m$ 处板顶沿 x 向受拉，拉应力峰值在 0.18MPa 以内，可见沿 x 向底板和中纵墙交界处板件较危险。

　　选取沉淀池 A 区沿横向 $z=0.4m$、$z=5.1m$ 和 $z=9.2m$ 处为关键纵断面（分别对应图 3.1 中 4—4、5—5、6—6 断面），底板沿配筋方向 z 向应力分布情况见图 3.9（b）。$z=9.2m$ 处板底基本处于沿 z 向受拉状态，拉应力峰值在 0.57MPa 以内；$z=5.1m$ 处板顶中部区域受拉，拉应力峰值不超过 0.34MPa，可见沿 z 向底板与中纵墙交界处应力相对较大。底板配置沿 x 向和 z 向双层双向钢筋网，按照 2.4 节结构施工图描述的配筋情况，各板面应力均满足设计要求。

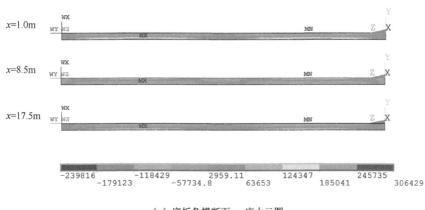

（a）底板各横断面 σ_x 应力云图

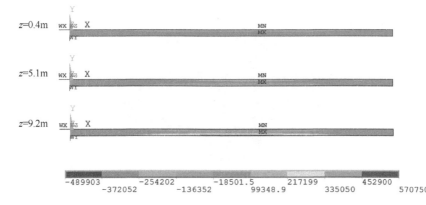

（b）底板各纵断面 σ_z 应力云图

图 3.9　工况 1 沉淀池 A 区底板主要断面应力云图（单位：Pa）

2）A 区结构变形分析

对于各池无水工况，结构所受荷载比较单一，仅以承受重力荷载为主，变形情况见图 3.10。结构沿 x 向变形基本控制在 0.09mm 以内，A 区与 B 区间的横隔板处变形相对明显。沿 y 向变形主要由重力荷载引起，维持在向下 5mm 左右。沿 z 向变形以两外纵墙中央处最大，分别向池外方向产生 0.32mm 左右位移。将结构三向变形量汇总后，得到其各向位移矢量和，其极值为 5.2mm。在结构各向变形中，以竖向变形起控制作用，但变形量较小。

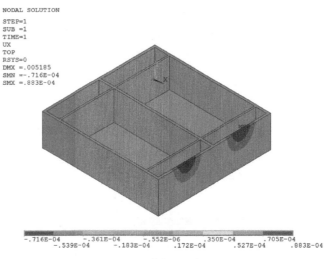

（a）x 向变形云图

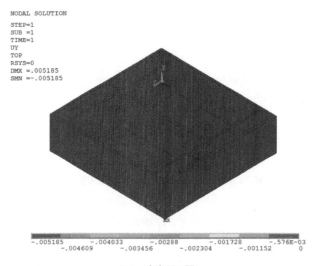

（b）y 向变形云图

图 3.10　工况 1 沉淀池 A 区结构各向变形云图（单位：m）

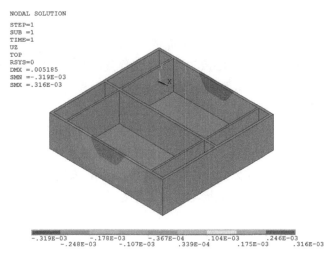

（c）z 向变形云图

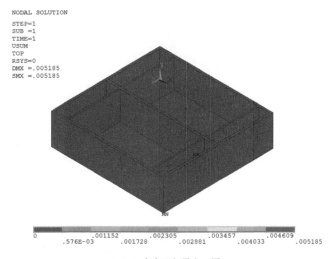

（d）三向变形矢量和云图

图 3.10（续）

2. B 区结构

1）B 区结构应力分析

沉淀池结构 B 区主要由内、外纵墙和底板构成，各板件 σ_x、σ_y 和 σ_z 应力分布情况见图 3.11。图 3.11（a）中，沿沉淀池纵向分布的 σ_x 最大拉应力出现在靠近 A 区的中纵墙顶部，约 0.13MPa；最大压应力出现在中纵墙与 A 区横墙衔接处顶端，为 -0.15MPa；其余板面应力集中在 -0.09～0.04MPa，应力值区间较 A 区偏小，满足 C30 混凝土强度设计要求。应力集中位置主要位于该区左端与 A 区相距较近区域。

图 3.11（b）中，沿沉淀池竖向分布的σ_y最大拉应力出现在中纵墙顶部，为0.006MPa；最大压应力出现在底板与外纵墙交界处，为-0.22MPa；各板面基本以沿竖向受压为主。比较而言，纵墙比底板应力数值偏大，但应力值区间较 A 区偏小，未超出混凝土强度设计值，有较大优化空间。

图 3.11（c）中，沿沉淀池横向分布的σ_z最大拉应力出现在底板与中纵墙交界处的底面，为 0.34MPa；最大压应力出现在该处底板上表面，为-0.30MPa。比较而言，纵墙应力较底板应力偏小。应力值普遍较小，未超出混凝土强度设计值。应力集中位置主要在池内各中纵墙与底板交界处。

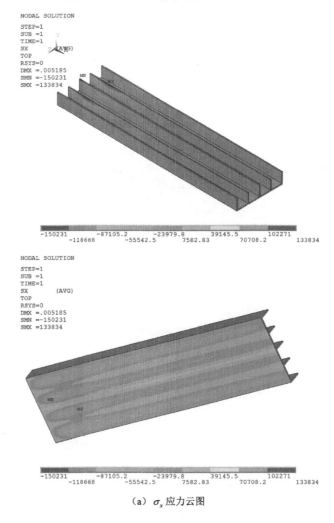

（a）σ_x应力云图

图 3.11　工况 1 沉淀池 B 区结构各向应力云图（单位：Pa）

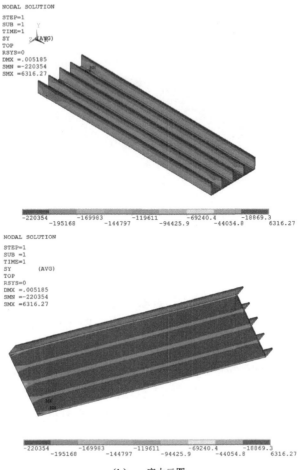

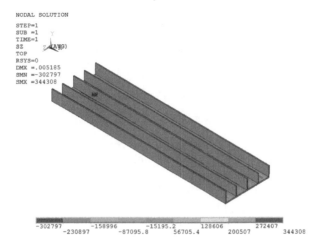

（b）σ_y 应力云图

图 3.11（续）

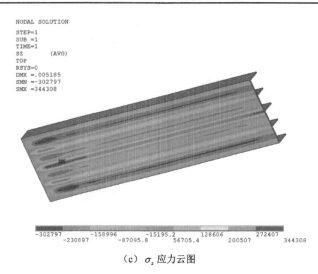

（c）σ_z 应力云图

图 3.11（续）

依照图 3.1 中各分区结构布置图，选取沉淀池 B 区沿纵向 x=30.0m、x=49.0m、x=67.0m 和 x=86.0m 处为关键横断面（分别对应图 3.1 中 7—7、8—8、9—9、10—10 断面），纵墙沿配筋方向应力分布情况见图 3.12。图 3.12（a）中，x=30.0m 处纵墙顶端出现沿 x 向受拉区，以厚度 0.25m 的两较矮纵墙更为明确，拉力峰值为 0.13MPa，其余板面基本沿 x 向受压，至墙体根部压应力约-0.09MPa。x=49.0m 和 x=67.0m 处纵墙承受沿 x 向极小压力。x=86.0m 全截面受压，墙体顶部压力略大，约-0.09MPa。

图 3.12（b）中，各断面墙体沿 y 向均处于受压区，压应力峰值在纵墙根部接近-0.15MPa。纵墙配置沿 x 向和 y 向双层双向钢筋网，按照 2.4 节结构施工图描述的配筋情况，各板面应力均满足设计要求。

依照图 3.1 中各分区结构布置图，选取沉淀池 B 区沿纵向 x=30.0m、x=49.0m、x=67.0m 和 x=86.0m 处为关键横断面（分别对应图 3.1 中 7—7、8—8、9—9、10—10 断面），底板沿配筋方向 x 向应力分布情况见图 3.13（a）。被各纵墙分割成的狭长板带中央上表面，普遍呈受拉状态，拉应力峰值在边缘板带约为 0.06MPa；纵墙与底板相交处上表面沿 x 向受压，压应力峰值在中纵墙处约为-0.04MPa；其余板面应力基本为-0.02~0.03MPa。比较可见，沿 x 向边缘板带相对较危险。

选取沉淀池 B 区沿横向 z=0.4m、z=5.1m 和 z=9.2m 处为关键纵断面（分别对应图 3.1 中 11—11、12—12、13—13 断面），底板沿配筋方向 z 向应力分布情况见图 3.13（b）。各纵墙之间底板顶面以受拉为主，与纵墙相交处底板底面以受拉为主，沿 z 向拉应力峰值约为 0.34MPa，压应力峰值约为-0.30MPa，z 向应力值较

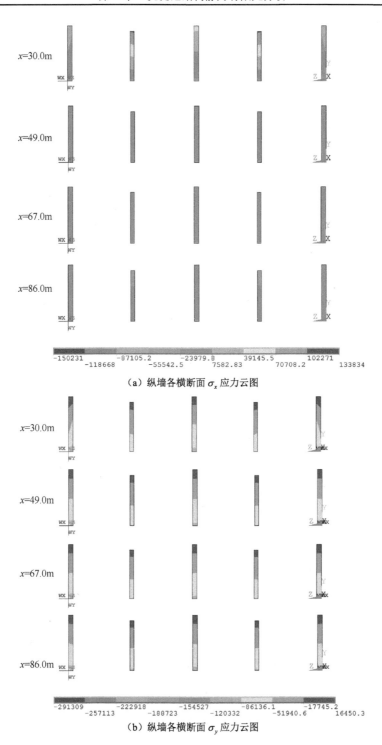

（a）纵墙各横断面 σ_x 应力云图

（b）纵墙各横断面 σ_y 应力云图

图 3.12　工况 1 沉淀池 B 区纵墙主要断面应力云图（单位：Pa）

x 向应力值偏大。底板配置沿 x 向和 z 向双层双向钢筋网，按照 2.4 节结构施工图描述的配筋情况，各板面应力均满足设计要求。

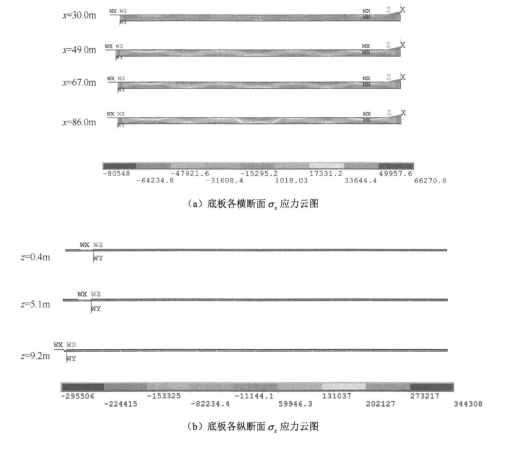

（a）底板各横断面 σ_x 应力云图

（b）底板各纵断面 σ_z 应力云图

图 3.13　工况 1 沉淀池 B 区底板主要断面应力云图（单位：Pa）

2）B 区结构变形分析

对于各池无水工况，结构所受荷载比较单一，仅以承受重力荷载为主，变形情况见图 3.14。结构沿 x 向变形基本控制在 0.09mm 以内，与 B 区相邻处中纵墙顶端该向变形相对明显。沿 y 向变形主要由重力荷载引起，维持在向下 5.2mm 左右。沿 z 向变形以两外纵墙最大，分别向池外方向产生 0.32mm 左右位移。将结构三向变形量汇总后，得到其各向位移矢量和，其极值为 5.2mm。在结构各向变形中，以竖向变形起控制作用，但变形量较小。

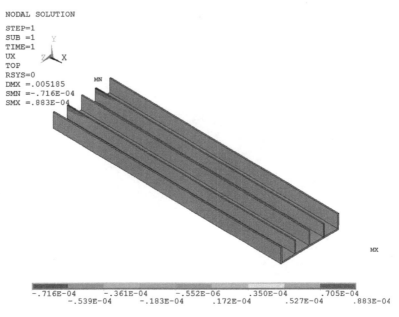

（a）x 向变形云图

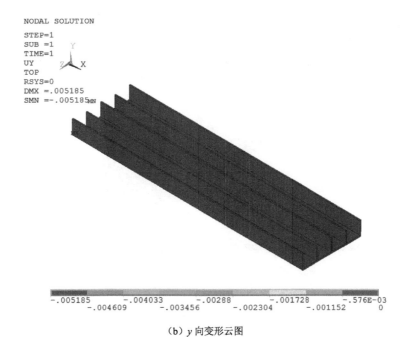

（b）y 向变形云图

图 3.14　工况 1 沉淀池 B 区结构各向变形云图（单位：m）

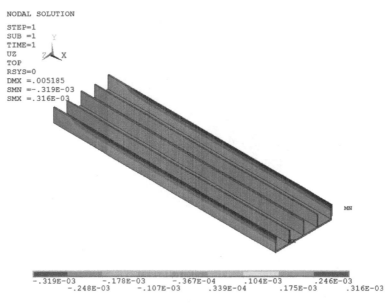

（c）z 向变形云图

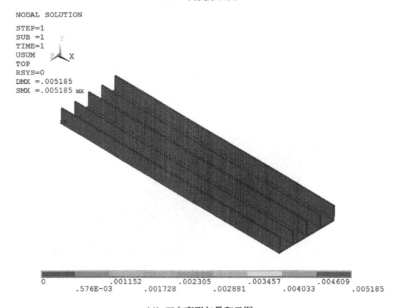

（d）三向变形矢量和云图

图 3.14（续）

3. C 区结构

1）C 区结构应力分析

沉淀池结构 C 区板件 σ_x、σ_y 和 σ_z 应力分布情况见图 3.15。图 3.15（a）中，沿沉淀池纵向分布的 σ_x 最大拉应力出现在底板与中纵墙相交位置的底面，约为

0.16MPa；最大压应力出现在该处底板上表面，为-0.17MPa；其余板面应力集中在-0.10～0.09MPa，应力值区间较 A 区普遍偏小，且未超过混凝土强度设计值。应力集中位置主要位于各向板件交界处，如池内纵墙与底板交界处以及纵墙与横墙交界处。

图 3.15（b）中，沿沉淀池竖向分布的 σ_y 最大拉应力出现在底板与右侧横墙交界处，约为 0.09MPa；最大压应力出现在底板与外纵墙和横墙交界处，为-0.39MPa；其余板面基本承受不超过-0.04MPa 的压应力。该向应力主要由结构重力引起，故普遍表现为沿竖向受压。应力值普遍较小，未超出混凝土强度设计值。应力集中位置主要位于墙体与底板交界处。

图 3.15（c）中，沿沉淀池横向分布的 σ_z 最大拉应力出现在底板与中纵墙交界处的底面，为 0.35MPa；最大压应力出现在该处底板上表面，为-0.30MPa；其余板面应力集中在-0.15～0.20MPa，拉应力值区间普遍较 A 区偏小，且未超出混凝土强度设计值。应力集中位置主要位于池内中纵墙与底板交界处。

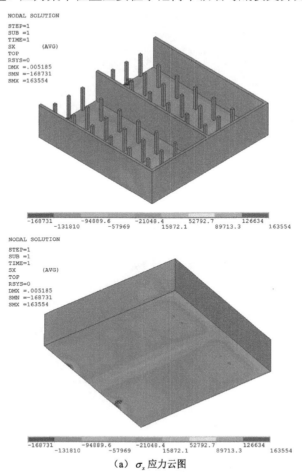

（a）σ_x 应力云图

图 3.15　工况 1 沉淀池 C 区结构各向应力云图（单位：Pa）

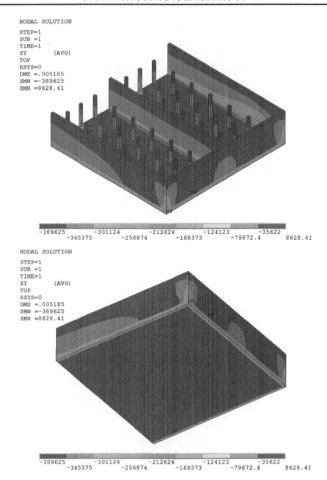

（b）σ_y 应力云图

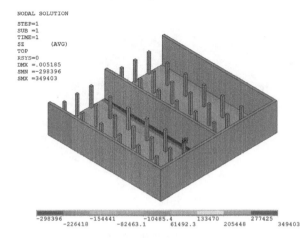

图 3.15（续）

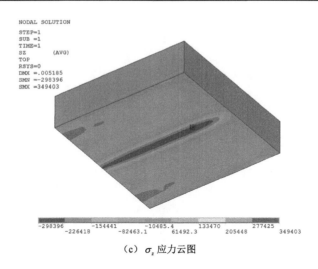

（c）σ_z 应力云图

图 3.15（续）

依照图 3.1 中各分区结构布置图，选取沉淀池 C 区沿纵向 x=95.0m、x=101.0m 和 x=111.5m 处为关键横断面（分别对应图 3.1 中 14—14、15—15、16—16 断面），纵墙沿配筋方向应力分布情况见图 3.16。图 3.16（a）中，x=111.5m 处外纵墙顶端出现沿 x 向受拉区，拉应力峰值低于 0.08MPa，其余板面基本沿 x 向受压，压应力控制在-0.20MPa 以内。

图 3.16（b）中，各纵墙受压趋势明显，在墙体根部压应力峰值约为-0.14MPa。纵墙配置沿 x 向和 y 向双层双向钢筋网，按照 2.4 节结构施工图描述的配筋情况，各板面应力均满足设计要求。

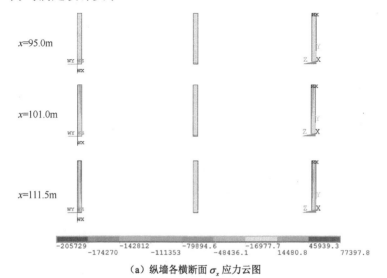

（a）纵墙各横断面 σ_x 应力云图

图 3.16　工况 1 沉淀池 C 区纵墙主要断面应力云图（单位：Pa）

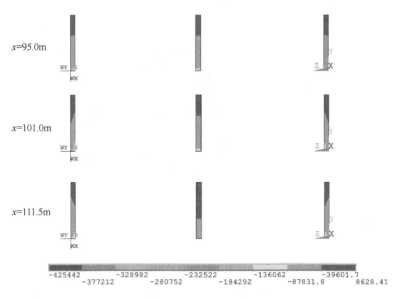

（b）纵墙各横断面 σ_y 应力云图

图 3.16（续）

依照图 3.1 中各分区结构布置图，选取沉淀池 C 区沿横向 z=0.4m、z=5.1m 和 z=9.2m 处为关键纵断面（分别对应图 3.1 中 17—17、18—18、19—19 断面），横墙沿配筋方向应力分布情况见图 3.17。图 3.17（a）中，沿 y 向均以受压为主，除 z=0.4m 处池右端外横墙沿 y 向有不超过 0.04MPa 的拉应力区外，其余断面墙体基本处于竖向受压状态，压应力峰值控制在-0.02MPa 以内。

图 3.17（b）中，各板面沿 z 向也以受压为主，压应力峰值控制在-0.09MPa 以内，仅在 z=5.1m 和 z=0.4m 处各墙体上半部出现小范围受拉区，拉应力峰值不超过 0.07MPa。横墙配置沿 y 向和 z 向双层双向钢筋网，按照 2.4 节结构施工图描述的配筋情况，各板面应力均满足设计要求。

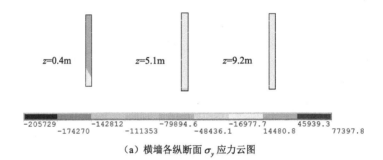

（a）横墙各纵断面 σ_y 应力云图

图 3.17　工况 1 沉淀池 C 区横墙主要断面应力云图（单位：Pa）

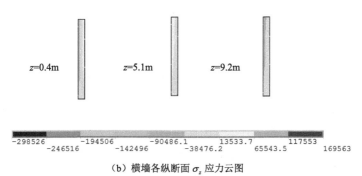

（b）横墙各纵断面 σ_z 应力云图

图 3.17（续）

依照图 3.1 中各分区结构布置图，选取沉淀池 C 区沿纵向 $x=95.0$m、$x=101.0$m 和 $x=111.5$m 处为关键横断面（分别对应图 3.1 中 14—14、15—15、16—16 断面），底板沿配筋方向 x 向应力分布情况见图 3.18（a）。$x=95.0$m 和 $x=101.0$m 处靠近外纵墙处板顶沿 x 向受拉，靠近内纵墙处板底沿 x 向受拉，拉应力峰值在 0.09MPa 以内；$x=111.5$m 处板底受拉趋势明显，形成贯通受拉条带，拉应力峰值在 0.09MPa 以内。

选取沉淀池 C 区沿横向 $z=0.4$m、$z=5.1$m 和 $z=9.2$m 处为关键纵断面（分别对应图 3.1 中 17—17、18—18、19—19 断面），底板沿配筋方向 z 向应力分布情况见图 3.18（b）。$z=9.2$m 处板底基本处于沿 z 向受拉状态，拉应力峰值在 0.35MPa 左右，板顶呈长线受压状态，压应力峰值为 -0.30MPa；$z=5.1$m 处板顶区域受拉，拉应力峰值不超过 0.20MPa；$z=0.4$m 处板件断面应力分布较均匀，表现为不超过 -0.01MPa 的压应力。比较可见，沿 z 向底板与中纵墙交界处相对应力较大。底板配置沿 x 向和 z 向双层双向钢筋网，按照 2.4 节结构施工图描述的配筋情况，各板面应力均满足设计要求。

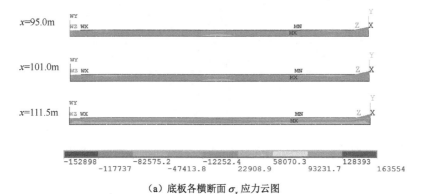

（a）底板各横断面 σ_x 应力云图

图 3.18　工况 1 沉淀池 C 区底板主要断面应力云图（单位：Pa）

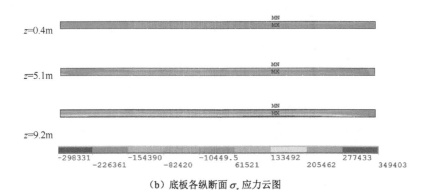

z=0.4m

z=5.1m

z=9.2m

-298331   -154390   -10449.5   133492   277433
    -226361   -82420   61521   205462   349403

（b）底板各纵断面 σ_z 应力云图

图 3.18（续）

2）C 区结构变形分析

对于各池无水工况，结构所受荷载比较单一，仅以承受重力荷载为主，见图 3.19。结构沿 x 向变形基本控制在 0.09mm 以内，位移最大区域位于该区域右侧靠近外横墙处。沿 y 向变形主要由重力荷载引起，维持在向下 5.2mm 左右。沿 z 向变形以两外纵墙中央处最大，分别向池外方向产生 0.32mm 左右位移。将结构三向变形量汇总后，得到其各向位移矢量和，其极值为 5.2mm。在结构各向变形中，以竖向变形起控制作用，但变形量较小。

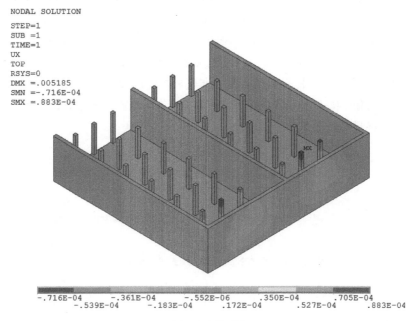

NODAL SOLUTION

STEP=1
SUB =1
TIME=1
UX
TOP
RSYS=0
DMX =.005185
SMN =-.716E-04
SMX =.883E-04

-.716E-04   -.361E-04   -.552E-06   .350E-04   .705E-04
    -.539E-04   -.183E-04   .172E-04   .527E-04   .883E-04

（a）x 向变形云图

图 3.19　工况 1 沉淀池 C 区结构各向变形云图（单位：m）

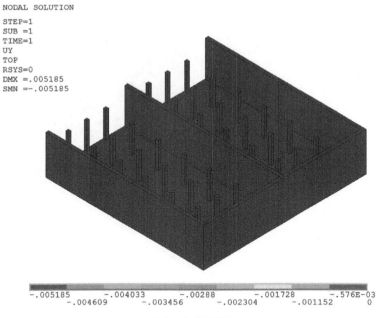

NODAL SOLUTION
STEP=1
SUB =1
TIME=1
UY
TOP
RSYS=0
DMX =.005185
SMN =-.005185

-.005185　　　-.004033　　　-.00288　　　-.001728　　　-.576E-03
　　-.004609　　　-.003456　　　-.002304　　　-.001152　　　0

（b）y 向变形云图

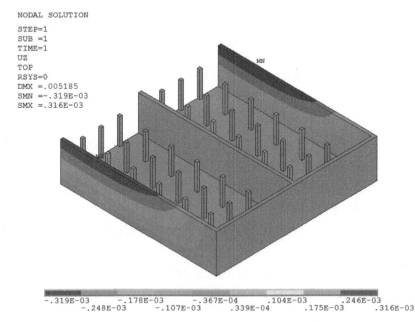

NODAL SOLUTION
STEP=1
SUB =1
TIME=1
UZ
TOP
RSYS=0
DMX =.005185
SMN =-.319E-03
SMX =.316E-03

-.319E-03　　　-.178E-03　　　-.367E-04　　　.104E-03　　　.246E-03
　　-.248E-03　　　-.107E-03　　　.339E-04　　　.175E-03　　　.316E-03

（c）z 向变形云图

图 3.19（续）

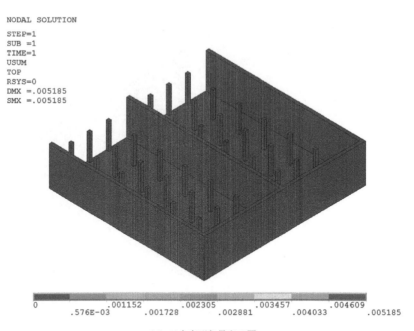

NODAL SOLUTION
STEP=1
SUB =1
TIME=1
USUM
TOP
RSYS=0
DMX =.005185
SMX =.005185

0　　　　.001152　　　.002305　　　.003457　　　.004609
　.576E-03　　.001728　　.002881　　.004033　　.005185

（d）三向变形矢量和云图

图 3.19（续）

3.4.2　工况 2 静力分析

工况 2——A、B、C 池内均有水，且达最高设计水位，即 A 区水位高 4.5m，B、C 区水位高 3.4m。

根据 ANSYS 程序中的加载技术，需在各区域水池内壁施加三角形渐变静水压力及板底均匀静水压力。以 A 区池壁加载 4.5m 高静水压力为例，其主要程序如下。

（1）使用 SELECT 命令选择加载面，并选中其附属节点。

（2）使用 SFGRAD，PRES，0，Y，0，−10000 命令，定义静水压力沿 y 向（即铅直方向）渐变梯度为−10kN/m²。

（3）使用 SF，ALL，PRES，45000 命令，定义沿池壁 y 向最大静水压力为 45kN/m²。

（4）获得池壁沿 y 向从 0 渐变到 45kN/m² 的静水压力，见图 3.20。

1. A 区结构

1）A 区结构应力分析

沉淀池结构 A 区板件 σ_x、σ_y 和 σ_z 应力分布情况见图 3.21。图 3.21（a）中，沿沉淀池纵向分布的 σ_x 最大拉应力出现在外纵墙与内横墙交界处内侧，约为 2.37MPa，

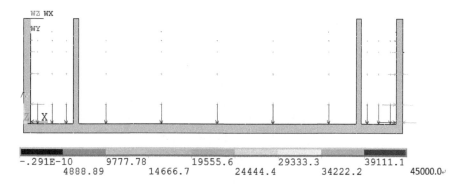

-.291E-10		9777.78		19555.6		29333.3		39111.1	
	4888.89		14666.7		24444.4		34222.2		45000.0

图 3.20　工况 2 沉淀池 A 区静水压力加载模型

最大压应力出现在该区域纵墙外侧，约为-2.44MPa，应力集中现象显著；在静水压力作用下，外纵墙中部的外侧面也出现约 1.83MPa 的拉应力；外纵墙板面应力超出混凝土抗拉强度，显示 x 向钢筋量不足，混凝土易发生开裂。其余板面应力集中在-1.37～1.30MPa，应力值相对较小，未超出混凝土强度设计值。

图 3.21（b）中，沿沉淀池竖向分布的 σ_y 最大拉应力位于左侧外横墙与底板交界处，约为 1.84MPa，该区域板面 y 向应力超出混凝土抗拉强度，易发生开裂，显示外横墙 y 向配筋不足；最大压应力出现在外纵墙与底板交界处，约为-1.68MPa；板件交界处应力集中现象显著。其余板面应力集中在-0.50～0.27MPa，应力值相对较小，未超出混凝土强度设计值。

图 3.21（c）中，沿沉淀池纵向分布的 σ_z 最大拉应力位于底板左侧外横墙与内纵墙交界处，约为 1.91MPa，该区域板面 z 向拉应力超出混凝土抗拉强度，显示 z 向钢筋量不足，混凝土易发生开裂；最大压应力区在该处外横墙外侧，压应力峰值约为-2.28MPa；板件交界处应力集中现象显著。其余板面应力集中在-0.41～0.51MPa，应力值相对较小，未超出混凝土强度设计值。

比较图 3.21（a）～（c），板面 x 向应力数值及分布趋势比 y、z 向偏于危险。

依照图 3.1 中各分区结构布置图，选取沉淀池 A 区沿纵向 x=1.0m、x=8.5m 和 x=17.5m 处为关键横断面（分别对应图 3.1 中 1—1、2—2、3—3 断面），纵墙沿配筋方向应力分布情况见图 3.22。图 3.22（a）中，x=1.0m 处外横墙内侧出现明显沿 x 向受拉区，拉应力峰值低于 1.30MPa；x=8.5m 处外横墙外侧出现明显沿 x 向受拉区，拉应力峰值低于 1.83MPa；x=17.5m 处外横墙基本全截面沿 x 向受拉，墙体内侧拉应力峰值低于 2.37MPa；板面 x 向压应力控制在-0.30MPa 以内。纵墙配置沿 x 向双层钢筋网，用钢量偏小，需调整配筋量。

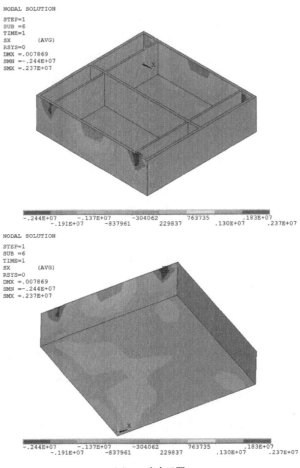

（a）σ_x 应力云图

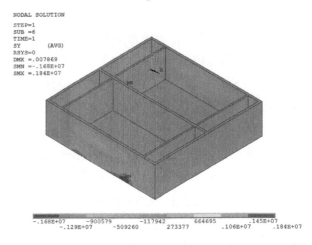

图 3.21　工况 2 沉淀池 A 区结构各向应力云图（单位：Pa）

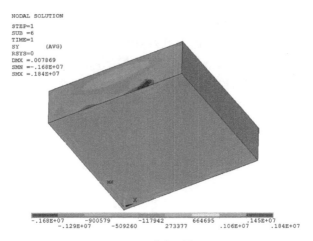

（b）σ_y 应力云图

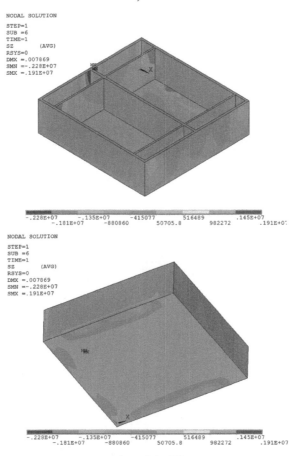

（c）σ_z 应力云图

图 3.21（续）

图 3.22（b）中，各断面横墙沿 y 向应力相对较小，主要集中在-0.27～0.57MPa。有较小范围受拉区，拉应力峰值低于 0.99MPa，其余板面基本沿 y 向受压，压应力控制在-0.27MPa 以内。纵墙配置沿 y 向双层钢筋网，按照 2.4 节结构施工图描述的配筋情况，各板面应力均满足设计要求。

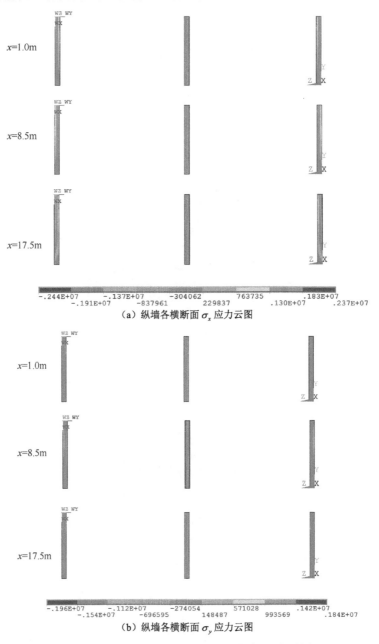

（a）纵墙各横断面 σ_x 应力云图

（b）纵墙各横断面 σ_y 应力云图

图 3.22　工况 2 沉淀池 A 区纵墙主要断面应力云图（单位：Pa）

依照图 3.1 中各分区结构布置图,选取沉淀池 A 区沿横向 z=0.4m、z=5.1m 和 z=9.2m 处为关键纵断面(分别对应图 3.1 中 4—4、5—5、6—6 断面),横墙沿配筋方向应力分布情况见图 3.23。图 3.23(a)中,各横墙沿 y 向均以受压为主,应力区间为-0.27~0.15MPa;z=5.1m 处左侧外横墙根部有局部应力集中,产生不超出 1.84MPa 的拉应力。

图 3.23(b)中,各板面沿 z 向也以受压为主,压应力峰值在 z=9.2m 处的墙体外侧接近-2.27MPa;但在 z=5.1m 处各墙体下半部出现明显受拉区,拉应力峰值不超过 0.98MPa。横墙配置沿 y 向和 z 向双层双向钢筋网,按照 2.4 节结构施工图描述的配筋情况,各板面应力均满足设计要求。

依照图 3.1 中各分区结构布置图,选取沉淀池 A 区沿纵向 x=1.0m、x=8.5m 和 x=17.5m 处为关键横断面(分别对应图 3.1 中 1—1、2—2、3—3 断面),底板沿配筋方向 x 向应力分布情况见图 3.24(a)。x=1.0m 处板顶现较大受拉区,拉应力峰值约为 1.04MPa;x=8.5m 和 x=17.5m 处板底现沿 x 向小幅受拉区,拉应力峰值在 0.63MPa 以内;其余板面多呈现出低于 0.22MPa 的拉应力作用。

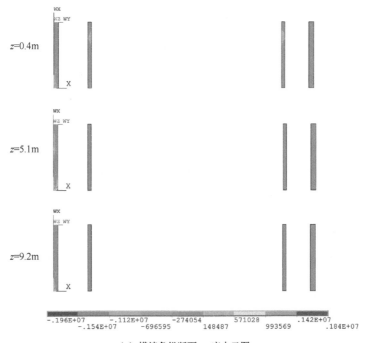

(a)横墙各纵断面 σ_y 应力云图

图 3.23　工况 2 沉淀池 A 区横墙主要断面应力云图(单位:Pa)

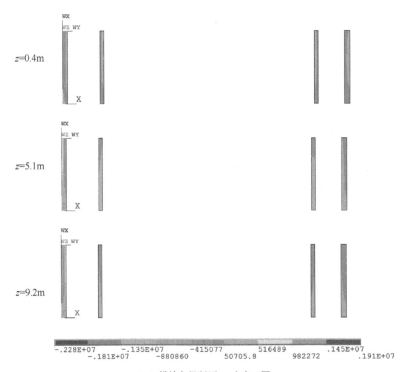

（b）横墙各纵断面 σ_z 应力云图

图 3.23（续）

选取沉淀池 A 区沿横向 $z=0.4\mathrm{m}$、$z=5.1\mathrm{m}$ 和 $z=9.2\mathrm{m}$ 处为关键纵断面（分别对应图 3.1 中 4—4、5—5、6—6 断面），底板沿配筋方向 z 向应力分布情况见图 3.24（b）。$z=0.4\mathrm{m}$ 处板顶沿 z 向小范围受拉区，拉应力峰值在 1.30MPa 以内，未超出混凝土抗拉强度；其余板面应力区间为 $-0.27\sim0.15\mathrm{MPa}$。底板配置沿 x 向和 z 向双层双向钢筋网，按照 2.4 节结构施工图描述的配筋情况，各板面应力均满足设计要求。

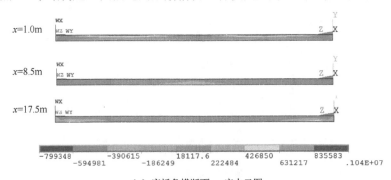

（a）底板各横断面 σ_x 应力云图

图 3.24　工况 2 沉淀池 A 区底板主要断面应力云图（单位：Pa）

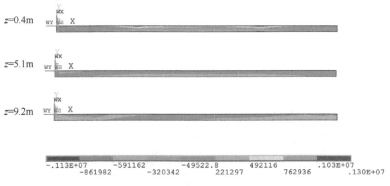

（b）底板各纵断面 σ_z 应力云图

图 3.24（续）

2）A 区结构变形分析

对于 A 池有水工况，结构同时承受重力荷载和静水压力作用，变形量较工况 1 有所提升，见图 3.25。结构沿 x 向变形基本控制在 0.09mm 以内，A 区左侧外横墙 x 向变形相对明显，变形量约为 1.55mm。沿 y 向变形主要由重力荷载和静水压力共同引起，在水池底板中央接近向下 5.9mm。由于静水压力作用，沿 z 向变形以两外纵墙中央处最大，分别向池外方向产生 5.3mm 左右位移。将结构三向变形量汇总后，得到其各向位移矢量和极值为 7.9mm，位于两外纵墙中央处。在结构各向变形中，以 y 向变形和 z 向变形起控制作用，分别对应两向主要荷载。

2. B 区结构

1）B 区结构应力分析

沉淀池结构 B 区各板件 σ_x、σ_y 和 σ_z 应力分布情况见图 3.26。图 3.26（a）中，沿沉淀池纵向分布的 σ_x 最大拉应力出现在靠近 A 区的外纵墙顶部及该墙与底板交界处的内侧面，约为 0.50MPa；最大压应力出现在外纵墙与 A 区横墙衔接处顶端，为-0.65MPa；其余板面应力集中在-0.39~0.25MPa，应力值区间较 A 区偏小，满足 C30 混凝土强度设计要求。

图 3.26（b）中，沿沉淀池竖向分布的 σ_y 最大拉应力出现在外纵墙与底板交界处内侧，约为 2.11MPa，该峰值应力主要由于静水压力作用导致，超出 C30 混凝土抗拉强度；最大压应力出现在底板与外纵墙交界处外侧，为-2.21MPa；其余各板面基本以沿竖向受压为主，压应力低于-0.28MPa。比较而言，纵墙比底板应力数值偏大，且沿 y 向配筋量偏小。

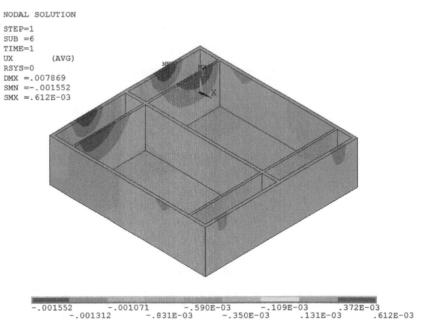

（a）x 向变形云图

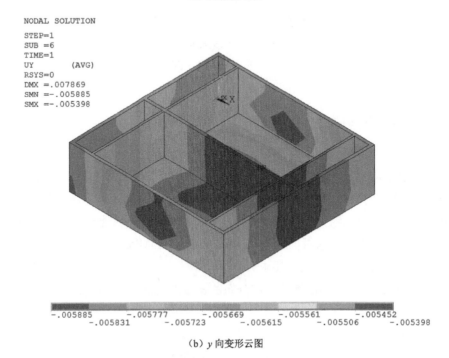

（b）y 向变形云图

图 3.25　工况 2 沉淀池 A 区结构各向变形云图（单位：m）

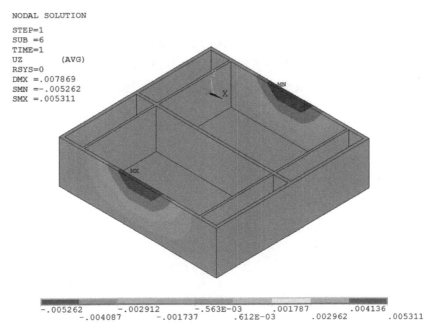

（c）z向变形云图

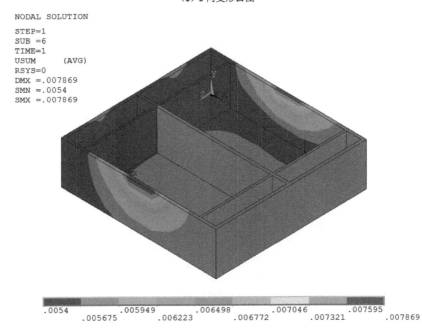

（d）三向变形矢量和云图

图 3.25（续）

图 3.26（c）中，沿沉淀池横向分布的 σ_z 最大拉应力出现在底板与外纵墙交界处的顶面，约为 2.17MPa，已超出混凝土抗拉强度；最大压应力出现在该处底板下表面，约为-1.45MPa；其余各板面应力为-0.25～0.55MPa。比较而言，纵墙应力较底板应力偏小。底板沿 z 向配筋量偏小，有待调整。

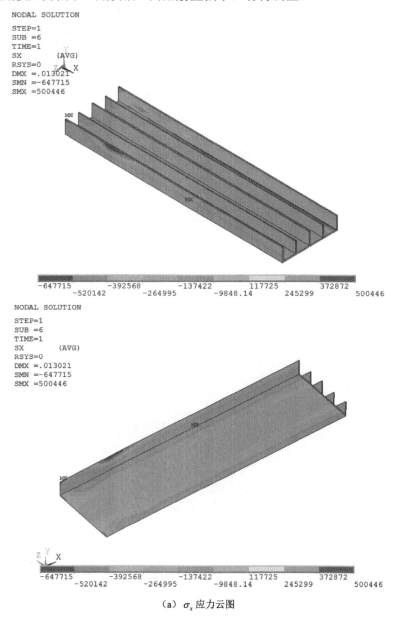

（a）σ_x 应力云图

图 3.26　工况 2 沉淀池 B 区结构各向应力云图（单位：Pa）

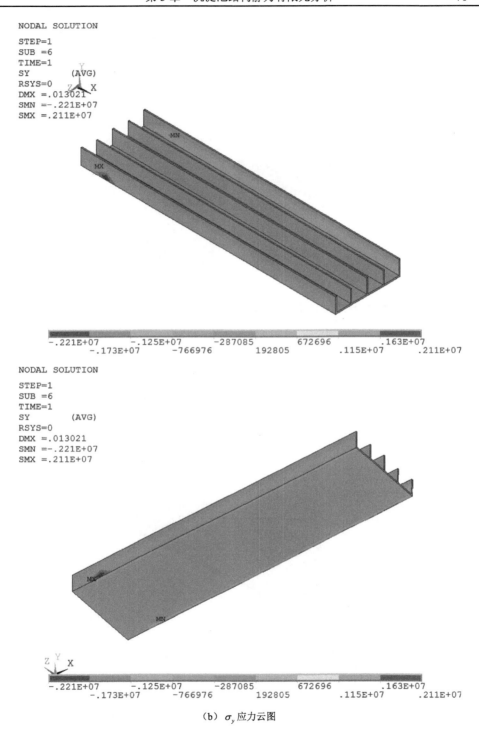

（b）σ_y 应力云图

图 3.26（续）

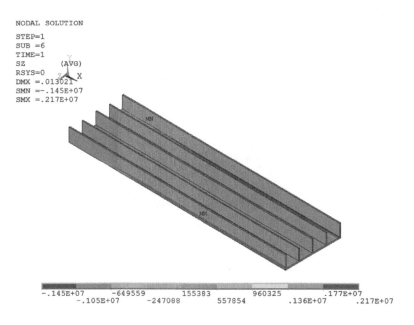

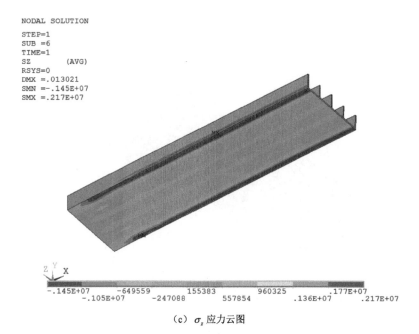

（c）σ_z 应力云图

图 3.26（续）

依照图 3.1 中各分区结构布置图,选取沉淀池 B 区沿纵向 $x=30.0$m、$x=49.0$m、$x=67.0$m 和 $x=86.0$m 处为关键横断面（分别对应图 3.1 中 7—7、8—8、9—9、10—10 断面）,纵墙沿配筋方向应力分布情况见图 3.27。图 3.27（a）中,各纵墙断面沿 x 向均承受-0.01～0.24MPa 的较小应力,外纵墙受拉较为明确。

图 3.27（b）中,各内纵墙沿 y 向均处于竖向受压状态,压应力峰值不超过-0.44MPa；外纵墙内侧受拉明显,在 $x=86.0$m 处断面拉应力峰值接近 1.09MPa,但未超出混凝土抗拉强度。纵墙配置沿 x 向和 y 向双层双向钢筋网,按照 2.4 节结构施工图描述的配筋情况,各板面应力均满足设计要求。

依照图 3.1 中各分区结构布置图,选取沉淀池 B 区沿纵向 $x=30.0$m、$x=49.0$m、$x=67.0$m 和 $x=86.0$m 处为关键横断面（分别对应图 3.1 中 7—7、8—8、9—9、10—10 断面）,底板沿配筋方向 x 向应力分布见图 3.28（a）。被各纵墙分割成的狭长板带区格中,两边区格上表面呈受拉状态,拉应力峰值约 0.39MPa；相对应区格的板底表现为沿 x 向受压状态,压应力峰值约为-0.11MPa；其余板面应力基本为-0.006～0.09MPa。底板沿 x 向应力总体偏小。

选取沉淀池 B 区沿横向 $z=0.4$m、$z=5.1$m 和 $z=9.2$m 处为关键纵断面（分别对应图 3.1 中 11—11、12—12、13—13 断面）,底板沿配筋方向 z 向应力分布情况见图 3.28（b）。$z=0.4$m 处断面内,板顶出现受拉峰值区,应力值约为 1.77MPa；其余板面应力基本为-0.38～0.70MPa。底板沿 z 向应力总体也偏小,配置沿 x 向和 z 向双层双向钢筋网,按照 2.4 节结构施工图描述的配筋情况,除个别断面外,大部分板面应力基本满足设计要求。

2）B 区结构变形分析

对于 B 池有水工况,结构同时承受重力荷载和静水压力作用,变形量较工况 1 有所提升,见图 3.29。结构沿 x 向变形基本控制在 0.9mm 以内,外纵墙 x 向局部变形相对明显,变形量约为 2.06mm。沿 y 向变形主要由重力荷载和静水压力共同引起,多面纵墙均接近向下 5.9mm 位移。由于静水压力作用,沿 z 向变形以两外纵墙中央处最大,分别向池外方向产生 11.6mm 左右位移。将结构三向变形量汇总后,得到其各向位移矢量和极值为 13.0mm,位于两外纵墙中央处。在结构各向变形中,以 y 向变形和 z 向变形起控制作用,分别对应两向主要荷载。有限元计算过程中,为提高计算效率,忽略了各纵墙顶部的走道板构造,引起长纵墙变形量过大。实际工程中,考虑到走道板的刚度增大效应,将对纵墙顶部的较大变形量有所抑制。

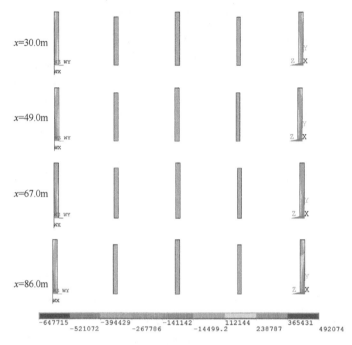

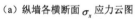

（a）纵墙各横断面 σ_x 应力云图

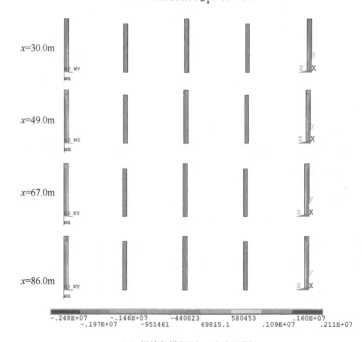

（b）纵墙各横断面 σ_y 应力云图

图 3.27　工况 2 沉淀池 B 区纵墙主要断面应力云图（单位：Pa）

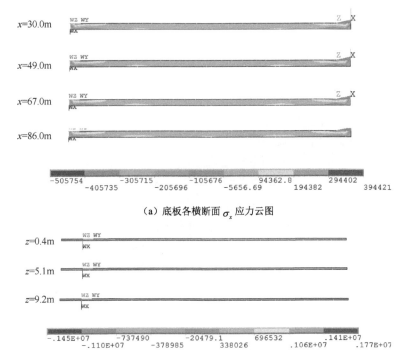

（a）底板各横断面 σ_x 应力云图

（b）底板各纵断面 σ_z 应力云图

图 3.28　工况 2 沉淀池 B 区底板主要断面应力云图（单位：Pa）

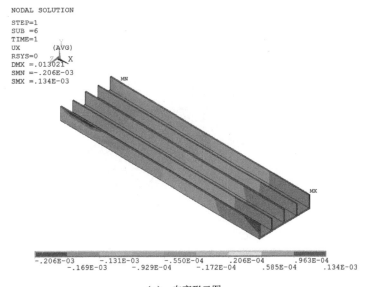

（a）x 向变形云图

图 3.29　工况 2 沉淀池 B 区结构各向变形云图（单位：m）

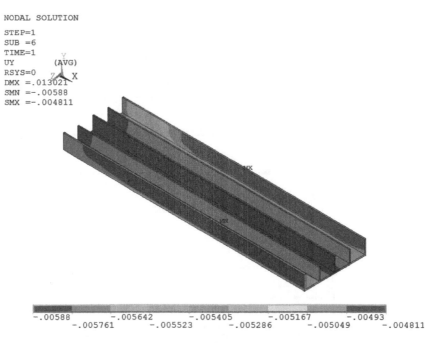

（b）y 向变形云图

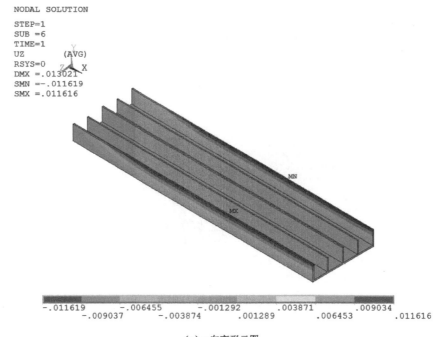

（c）z 向变形云图

图 3.29（续）

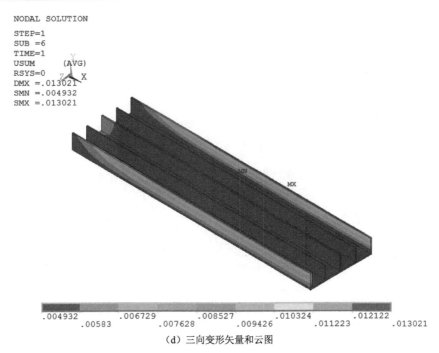

NODAL SOLUTION
STEP=1
SUB =6
TIME=1
USUM   (AVG)
RSYS=0
DMX =.013021
SMN =.004932
SMX =.013021

.004932　　.006729　　.008527　　.010324　　.012122
　　.00583　　.007628　　.009426　　.011223　　.013021

（d）三向变形矢量和云图

图 3.29（续）

3. C 区结构

1）C 区结构应力分析

沉淀池结构 C 区各板件 σ_x、σ_y 和 σ_z 应力分布情况见图 3.30。图 3.30（a）中，沿沉淀池纵向分布的 σ_x 最大拉应力出现在外纵墙与右侧外横墙交角内侧，约为 1.86MPa；该处墙体外侧呈现-1.35MPa 的最大压应力；其余板面应力集中在-0.28～0.43MPa，应力值区间较 A 区偏小，除个别应力集中位置外，基本满足 C30 混凝土强度设计要求。

图 3.30（b）中，沿沉淀池竖向分布的 σ_y 最大拉应力出现在外纵墙与底板交界处内侧，约为 1.61MPa，该峰值应力主要由静水压力作用导致，超出 C30 混凝土抗拉强度；最大压应力出现在底板与外纵墙交界处外侧，为-2.01MPa；其余各板面基本以沿竖向受压为主，压应力低于-0.40MPa。比较而言，纵墙比底板应力数值偏大且受拉区明确，除个别应力集中位置外，基本满足 C30 混凝土强度设计要求。

图 3.30（c）中，沿沉淀池横向分布的 σ_z 最大拉应力出现在底板与外纵墙交界处的顶面及各纵墙与外横墙交界处，约为 2.09MPa，已超出混凝土抗拉强度；最大压应力出现在该处底板下表面，约为-1.45MPa；其余各板面应力为-0.26～0.51MPa。比较而言，纵墙应力较底板应力偏小。底板和外横墙沿 z 向配筋量偏小，有待调整。

依照图 3.1 中各分区结构布置图，选取沉淀池 C 区沿纵向 x=95.0m、x=101.0m 和 x=111.5m 处为关键横断面（分别对应图 3.1 中 14—14、15—15、16—16 断面），纵墙沿配筋方向应力分布情况见图 3.31。图 3.31（a）中，各纵墙断面沿 x 向均承受-0.28～0.43MPa 的较小应力，外纵墙内侧受拉较为明确，x=111.5m 断面处拉应力峰值达 1.14MPa。

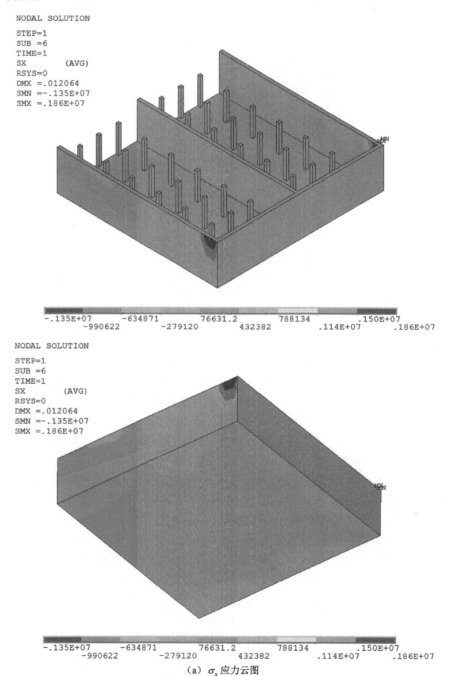

(a) σ_x 应力云图

图 3.30　工况 2 沉淀池 C 区结构各向应力云图（单位：Pa）

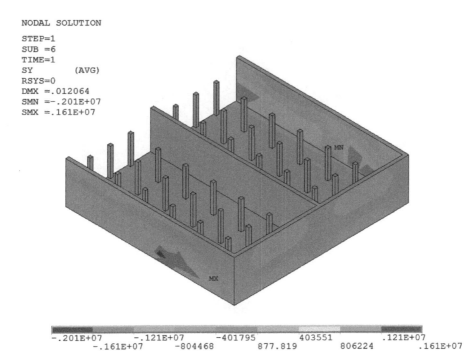

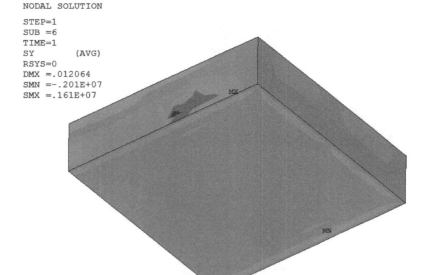

（b）σ_y 应力云图

图 3.30（续）

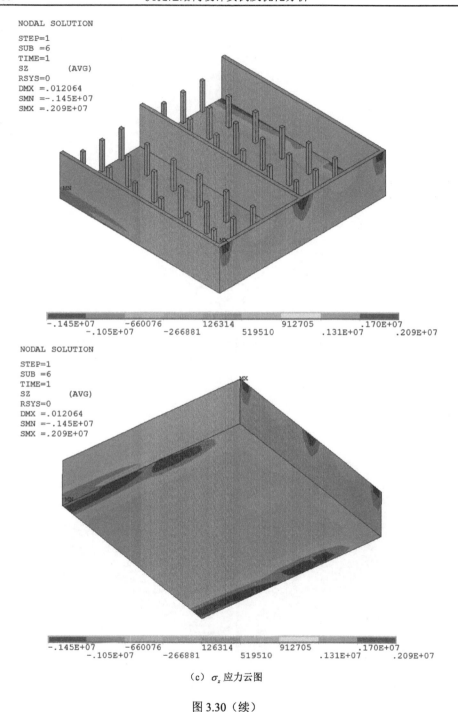

（c）σ_z 应力云图

图 3.30（续）

图 3.31（b）中，各内纵墙沿 y 向均承受-0.40～0.40MPa 的较小应力，在外纵

墙内侧受拉明显，x=95.0m 处断面拉应力峰值接近 0.81MPa，但未超出混凝土抗拉强度。纵墙配置沿 x 向和 y 向双层双向钢筋网，按照 2.4 节结构施工图描述的配筋情况，各板面应力均满足设计要求。

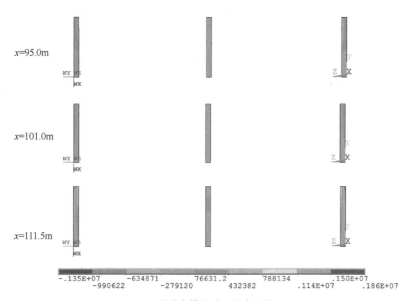

（a）纵墙各横断面 σ_x 应力云图

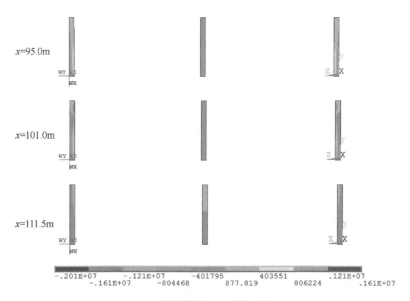

（b）纵墙各横断面 σ_y 应力云图

图 3.31　工况 2 沉淀池 C 区纵墙主要断面应力云图（单位：Pa）

依照图 3.1 中各分区结构布置图，选取沉淀池 C 区沿横向 z=0.4m、z=5.1m 和 z=9.2m 处为关键纵断面（分别对应图 3.1 中 17—17、18—18、19—19 断面），横墙沿配筋方向应力分布情况见图 3.32。图 3.32（a）中，沿 y 向均以受压为主，压应力值不超过-0.40MPa；仅在各断面墙顶部出现不超出 0.40MPa 的较小拉应力区。

图 3.32（b）中，各板面沿 z 向也以受压为主，压应力峰值控制在-1.45MPa 以内，仅在 z=5.1m 处墙体右侧出现小范围受拉区，拉应力峰值不超过 1.31MPa。横墙配置沿 y 向和 z 向双层双向钢筋网，按照 2.4 节结构施工图描述的配筋情况，各板面应力均满足设计要求。

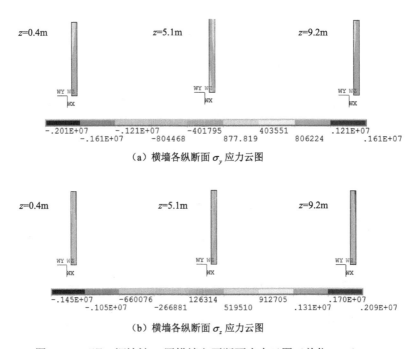

（a）横墙各纵断面 σ_y 应力云图

（b）横墙各纵断面 σ_z 应力云图

图 3.32　工况 2 沉淀池 C 区横墙主要断面应力云图（单位：Pa）

依照图 3.1 中各分区结构布置图，选取沉淀池 C 区沿纵向 x=95.0m、x=101.0m 和 x=111.5m 处为关键横断面（分别对应图 3.1 中 14—14、15—15、16—16 断面），底板沿配筋方向 x 向应力分布情况见图 3.33（a）。被各纵墙分割成的狭长板带区格中，两边区格上表面呈受拉状态，拉应力峰值约为 0.39MPa；相对应区格的板底表现为沿 x 向受压状态，压应力峰值约为-0.11MPa；其余板面应力基本为-0.006~0.09MPa。底板沿 x 向应力总体偏小。

依照图 3.1 中各分区结构布置图，选取沉淀池 C 区沿横向 z=0.4m、z=5.1m 和 z=9.2m 处为关键纵断面（分别对应图 3.1 中 17—17、18—18、19—19 断面），横墙沿配筋方向应力分布情况见图 3.33。图 3.33（a）中，沿 x 向均以受拉为主，在板端上表面表现出低于 1.57MPa 的拉应力峰值区，板端下表面为约 -0.28MPa 的压应力区，其余断面底板基本处于不超出 0.46MPa 的受拉区。

图 3.33（b）中，各板面沿 z 向也以受拉为主，在 z=0.4m 断面处板顶大范围受拉峰值区，应力可达 1.94MPa，板底压应力峰值控制在 -1.39MPa 以内，其余板面承受不超过 0.46MPa 的拉应力作用。底板配置沿 y 向和 z 向双层双向钢筋网，按照 2.4 节结构施工图描述的配筋情况，各板面应力超出设计要求，需提高配筋量。

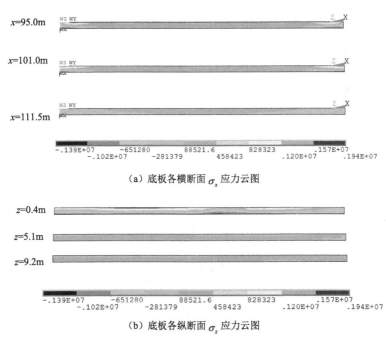

（a）底板各横断面 σ_x 应力云图

（b）底板各纵断面 σ_z 应力云图

图 3.33　工况 2 沉淀池 C 区底板主要断面应力云图（单位：Pa）

2）C 区结构变形分析

对于 C 池有水工况，结构同时承受重力荷载和静水压力作用，变形量较工况 1 有所提升，见图 3.34。结构沿 x 向变形基本控制在 0.28mm 以内，右侧外横墙 x 向局部变形相对明显，变形量约为 0.7mm。沿 y 向变形主要由重力荷载和静水压力共同引起，多面纵墙均接近向下 5.8mm 位移。由于静水压力作用，B、C 区交界处两外纵墙沿 z 向变形最大，分别向池外方向产生 10.5mm 左右位移。将结构

三向变形量汇总后，得到其各向位移矢量和极值为 12.1mm，位于 B、C 区交界处
两外纵墙。在结构各向变形中，以 y 向变形和 z 向变形起控制作用，分别对应两
向主要荷载。有限元计算过程中，为提高计算效率，忽略了各纵墙顶部的走道板
构造，引起长纵墙变形量过大。实际工程中，考虑到走道板的刚度增大效应，将
对纵墙顶部的较大变形量有所抑制。

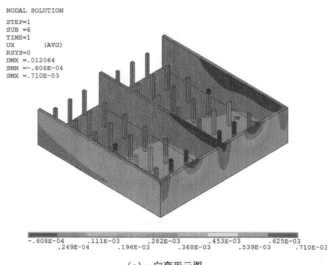

（a）x 向变形云图

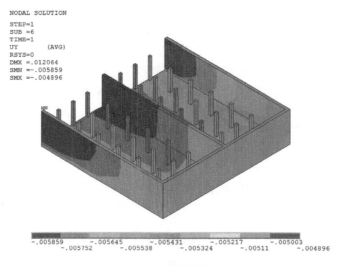

（b）y 向变形云图

图 3.34　工况 2 沉淀池 C 区结构各向变形云图（单位：m）

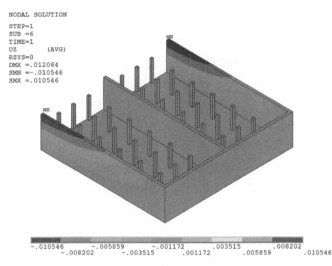

（c）z 向变形云图

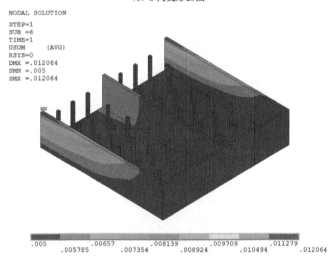

（d）三向变形矢量和云图

图 3.34（续）

3.4.3　工况 3 静力分析

工况 3——A 池有水，B、C 池内均无水。A 池内施加沿墙高方向渐变静水压力，至墙体根部为 45kN/m²，底板施加 45kN/m² 均匀静水压力。

1．A 区结构

1）A 区结构应力分析

沉淀池结构 A 区板件 σ_x、σ_y 和 σ_z 应力分布情况见图 3.35。图 3.35（a）中，

沿沉淀池纵向分布的 σ_x 最大拉应力出现在内横墙与外纵墙交界处内侧，约 2.50MPa，该应力值高于三池均满水工况；最大压应力出现在该区域纵墙外侧，约为-3.09MPa，应力集中现象显著；在静水压力作用下，外纵墙中部的外侧面也出现约 1.88MPa 的拉应力；外纵墙板面应力超出混凝土抗拉强度，显示 x 向钢筋量不足，混凝土易发生开裂。其余板面应力集中在-0.60~0.60MPa，应力值相对较小，未超出混凝土强度设计值。

图 3.35（b）中，沿沉淀池纵向分布的 σ_y 最大拉应力位于左侧外横墙与底板交界处，约为 1.83MPa，该区域板面 y 向应力超出混凝土抗拉强度，易发生开裂，显示外横墙 y 向配筋不足；最大压应力出现在外纵墙与底板交界处，约为-1.69MPa；板件交界处应力集中现象显著。其余板面应力集中在-0.91~0.66MPa，应力值相对较小，未超出混凝土强度设计值。

图 3.35（c）中，沿沉淀池纵向分布的 σ_z 最大拉应力位于左侧外横墙与内纵墙交界处内侧，约为 1.88MPa，同时底板与外纵墙交界处也产生较大拉应力，上述区域板面 y 向拉应力超出混凝土抗拉强度，显示左侧外横墙与底板 z 向钢筋量不足，混凝土易发生开裂；最大压应力区在左侧外横墙与内纵墙交界处外侧，压应力峰值约为-2.30MPa；板件交界处应力集中现象显著。其余板面应力集中在-0.44~0.49MPa，应力值相对较小，未超出混凝土强度设计值。

比较图 3.35（a）~（c），板面 x 向应力数值及分布趋势比 y、z 向偏于危险。

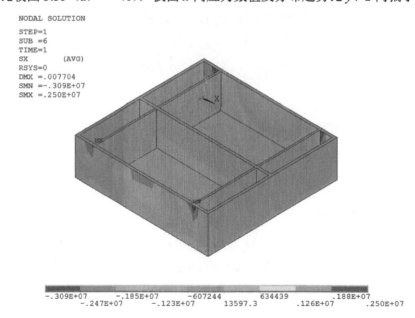

图 3.35　工况 3 沉淀池 A 区结构各向应力云图（单位：Pa）

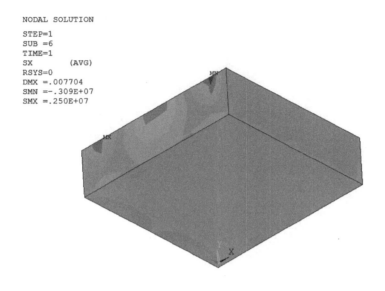

（a）σ_x 应力云图

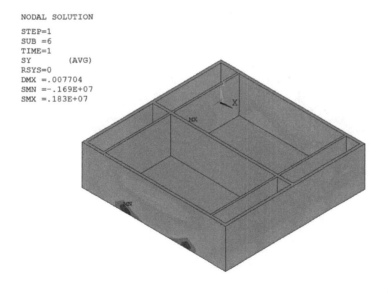

图 3.35（续）

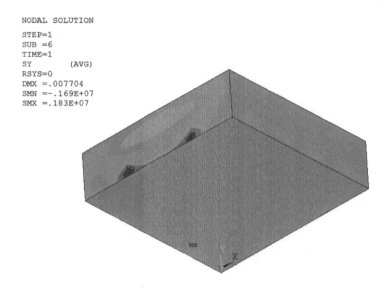

（b）σ_y 应力云图

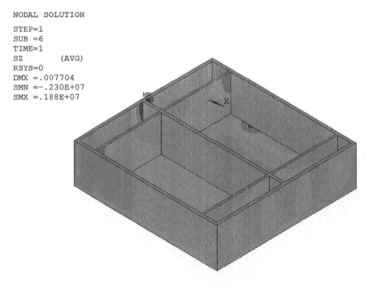

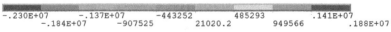

图 3.35（续）

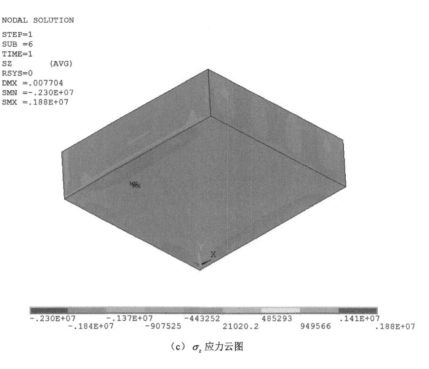

NODAL SOLUTION
STEP=1
SUB =6
TIME=1
SZ　　　(AVG)
RSYS=0
DMX =.007704
SMN =-.230E+07
SMX =.188E+07

| -.230E+07 | -.137E+07 | -443252 | 485293 | .141E+07 |

-.184E+07　　-907525　　21020.2　　949566　　.188E+07

（c）σ_z 应力云图

图 3.35（续）

依照图 3.1 中各分区结构布置图，选取沉淀池 A 区沿纵向 x=1.0m、x=8.5m 和 x=17.5m 处为关键横断面（分别对应图 3.1 中 1—1、2—2、3—3 断面），纵墙沿配筋方向应力分布情况见图 3.36。图 3.36（a）中，x=1.0m 处外横墙内侧出现明显沿 x 向受拉区，拉应力峰值约为 2.50MPa；x=8.5m 处外横墙外侧出现明显沿 x 向受拉区，拉应力峰值低于 1.26MPa；x=17.5m 处外横墙内侧沿 x 向受拉，墙体内侧拉应力峰值低于 2.50MPa；板面 x 向压应力控制在-3.09MPa 以内。纵墙配置沿 x 向双层钢筋网，用钢量偏小，需调整配筋量。

图 3.36（b）中，各断面纵墙沿 y 向应力相对较小，主要为-0.31～0.55MPa。有较小范围受拉峰值区，拉应力低于 0.97MPa。纵墙配置沿 y 向双层钢筋网，按照 2.4 节结构施工图描述的配筋情况，各板面应力均满足设计要求。

依照图 3.1 中各分区结构布置图，选取沉淀池 A 区沿横向 z=0.4m、z=5.1m 和 z=9.2m 处为关键纵断面（分别对应图 3.1 中 4—4、5—5、6—6 断面），横墙沿配筋方向应力分布情况见图 3.37。图 3.37（a）中，各横墙沿 y 向均以受压为主，应力区间为-0.31～0.11MPa；z=0.4m 处内横墙上半部产生不超出 0.55MPa 的拉应力，z=5.1m 处左侧外横墙根部有局部应力集中，产生不超出 0.97MPa 的拉应力。

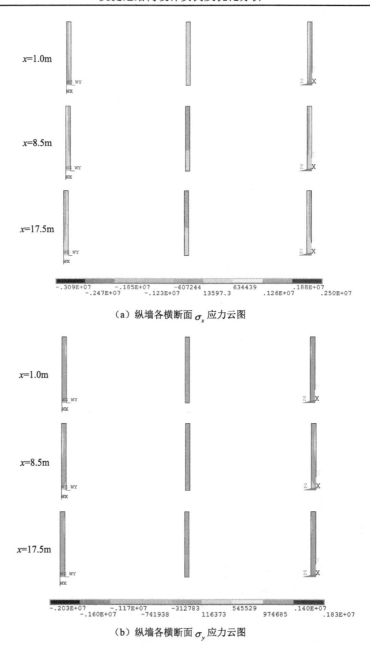

（a）纵墙各横断面 σ_x 应力云图

（b）纵墙各横断面 σ_y 应力云图

图 3.36　工况 3 沉淀池 A 区纵墙主要断面应力云图（单位：Pa）

图 3.37（b）中，各板面沿 z 向也以受压为主，压应力峰值在 $z=9.2$m 处的墙体外侧接近-2.30MPa；但在 $z=5.1$m 和 $z=9.2$m 处各墙体下半部出现明显受拉区，拉应力峰值不超过 0.95MPa。横墙配置沿 y 向和 z 向双层双向钢筋网，按照 2.4 节结构施工图描述的配筋情况，各板面应力均满足设计要求。

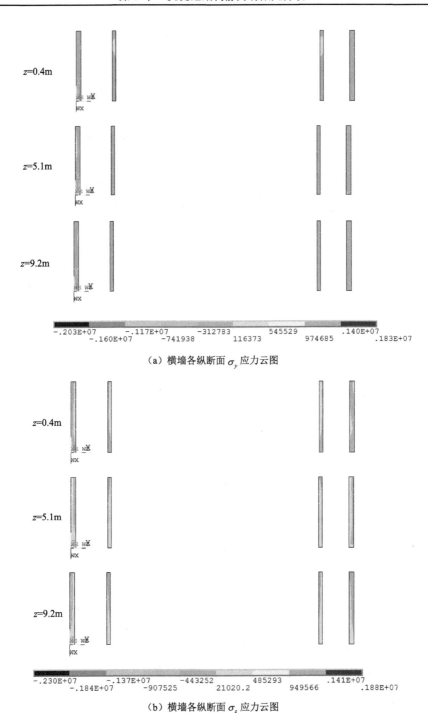

z=0.4m

z=5.1m

z=9.2m

-.203E+07　　　-.117E+07　　　-312783　　　　545529　　　　.140E+07
　　　-.160E+07　　　-741938　　　116373　　　974685　　　.183E+07

（a）横墙各纵断面 σ_y 应力云图

z=0.4m

z=5.1m

z=9.2m

-.230E+07　　　-.137E+07　　　-443252　　　485293　　　.141E+07
　　　-.184E+07　　　-907525　　　21020.2　　　949566　　　.188E+07

（b）横墙各纵断面 σ_z 应力云图

图 3.37　工况 3 沉淀池 A 区横墙主要断面应力云图（单位：Pa）

依照图 3.1 中各分区结构布置图，选取沉淀池 A 区沿纵向 $x=1.0m$、$x=8.5m$ 和 $x=17.5m$ 处为关键横断面（分别对应图 3.1 中 1—1、2—2、3—3 断面），底板沿配筋方向 x 向应力分布情况见图 3.38（a）。$x=1.0m$ 处板顶呈现较大受拉区，拉应力峰值约为 1.04MPa；$x=8.5m$ 和 $x=17.5m$ 处板底呈现沿 x 向低于 0.63MPa 的受拉区；其余板面多呈现出低于 0.22MPa 的拉应力分布状况。

选取沉淀池 A 区沿横向 $z=0.4m$、$z=5.1m$ 和 $z=9.2m$ 处为关键纵断面（分别对应图 3.1 中 4—4、5—5、6—6 断面），底板沿配筋方向 z 向应力分布情况见图 3.38（b）。$z=0.4m$ 处板顶现沿 z 向小范围受拉区，拉应力峰值在 1.31MPa 以内，未超出混凝土抗拉强度；其余板面应力区间为 -0.07~0.75MPa。底板配置沿 x 向和 z 向双层双向钢筋网，按照 2.4 节结构施工图描述的配筋情况，各板面应力均满足设计要求。

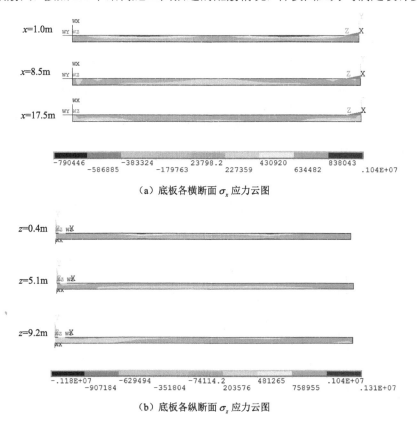

（a）底板各横断面 σ_x 应力云图

（b）底板各纵断面 σ_z 应力云图

图 3.38　工况 3 沉淀池 A 区底板主要断面应力云图（单位：Pa）

2）A 区结构变形分析

对于 A 池有水工况，结构同时承受重力荷载和静水压力作用，变形量较工况 1 有所提升，见图 3.39。结构沿 x 向变形基本控制在 0.4mm 以内，A 区左侧外横

墙 x 向变形相对明显,变形量约为 1.5mm。沿 y 向变形主要由重力荷载和静水压力共同引起,在水池底板中央接近向下 5.8mm。由于静水压力作用,沿 z 向变形以两外纵墙中央处最大,分别向池外方向产生 5.1mm 左右位移。将结构三向变形量汇总后,得到其各向位移矢量和极值为 7.7mm,位于两外纵墙中央处。在结构各向变形中,以 y 向变形和 z 向变形起控制作用,分别对应两向主要荷载,各向变形量略低于工况 2。

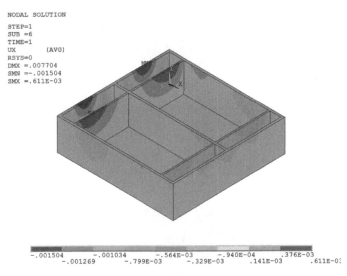

(a) x 向变形云图

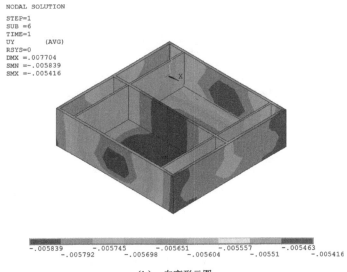

(b) y 向变形云图

图 3.39 工况 3 沉淀池 A 区结构各向变形云图(单位:m)

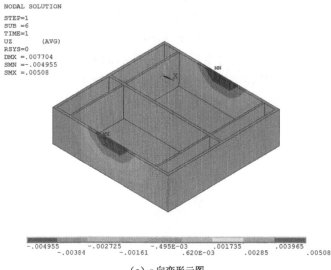

（c）z向变形云图

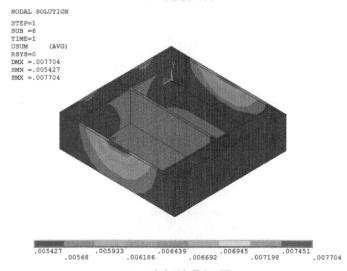

（d）三向变形矢量和云图

图 3.39（续）

2. B区结构

1）B区结构应力分析

沉淀池结构 B 区各板件 σ_x、σ_y 和 σ_z 应力分布情况见图 3.40。图 3.40（a）中，沿沉淀池纵向分布的 σ_x 最大拉应力出现在靠近 A 区的各纵墙顶部，约为 0.33MPa；最大压应力出现在底板与各纵墙衔接处底面，为-0.20MPa；其余板面应力集中在-0.08～0.10MPa，应力值区间较 A 区偏小，满足 C30 混凝土强度设计要求。

图 3.40（b）中，沿沉淀池竖向分布的 σ_y 最大拉应力出现在各纵墙顶部，约为 0.02MPa，应力极小，未超出 C30 混凝土抗拉强度；最大压应力出现在底板与外纵墙交界处外侧，为-0.35MPa；其余各板面基本以沿竖向受压为主。

图 3.40（c）中，沿沉淀池横向分布的 σ_z 最大拉应力出现在底板与中纵墙交界处的底面，约为 0.54MPa，未超出混凝土抗拉强度；最大压应力出现在该处底板顶面，约为-0.48MPa；其余各板面应力为-0.25～0.20MPa，应力值较小。

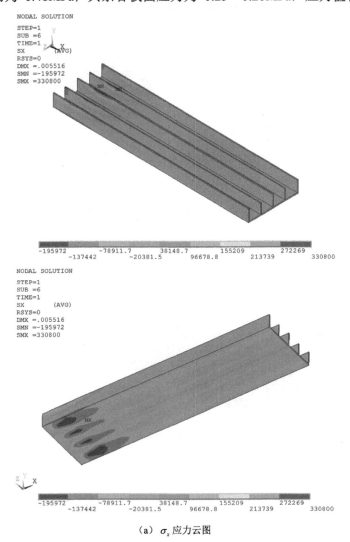

（a）σ_x 应力云图

图 3.40　工况 3 沉淀池 B 区结构各向应力云图（单位：Pa）

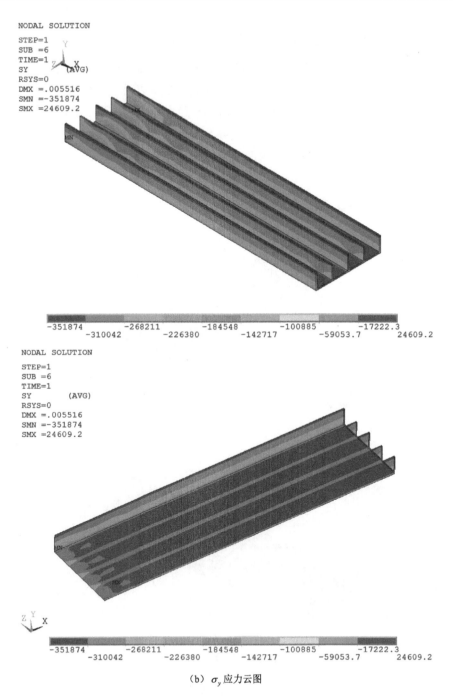

（b）σ_y 应力云图

图 3.40（续）

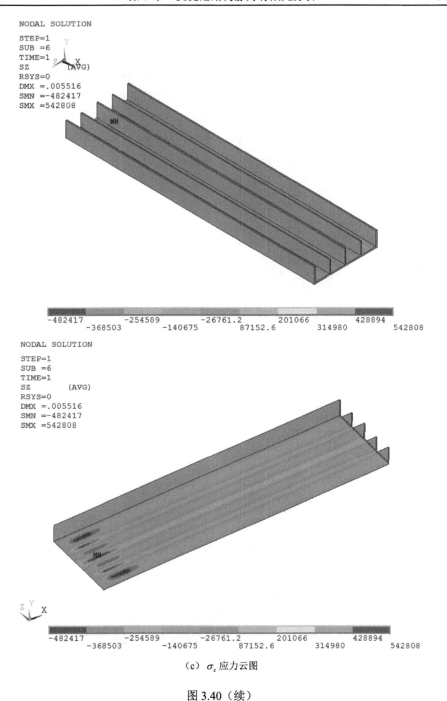

（c）σ_z 应力云图

图 3.40（续）

　　比较而言，该工况下 B 区板件各向应力均较三池有水工况偏小，接近三池无水工况。

2）B 区结构变形分析

对于 B 池无水工况，结构仅承受重力荷载作用，变形量较工况 2 明显降低，见图 3.41。结构沿 x 向变形基本控制在 0.13mm 以内，各纵墙顶部局部变形相对明显。沿 y 向变形主要由重力荷载引起，多面纵墙均表现出向下 5.5mm 左右位移。沿 z 向变形以两外纵墙中央处最大，分别向池外方向产生 0.3mm 左右位移。将结构三向变形量汇总后，得到其各向位移矢量和极值为 5.5mm，位于纵墙左端。在结构各向变形中，以 y 向变形起控制作用，主要对应重力荷载作用方向。

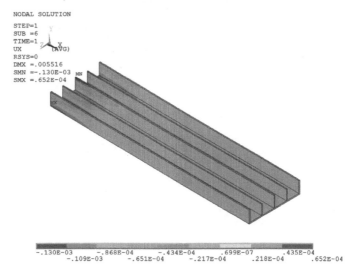

（a）x 向变形云图

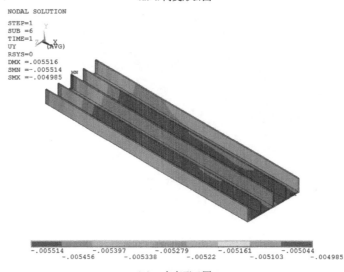

（b）y 向变形云图

图 3.41　工况 3 沉淀池 B 区结构各向变形云图（单位：m）

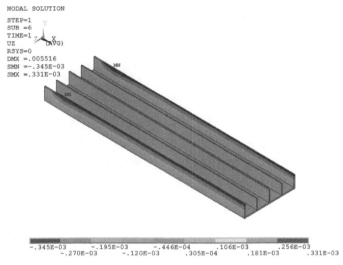

（c）z 向变形云图

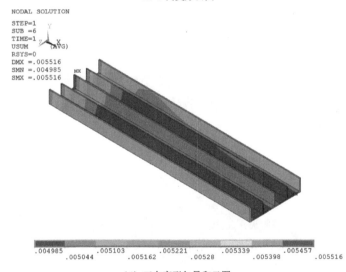

（d）三向变形矢量和云图

图 3.41（续）

3．C 区结构

因 C 区结构位于蓄水池 A 区远端，受到静水荷载作用有限，应力和变形情况接近三池无水工况，故缺省对其应力和变形性能的分析。

3.4.4　工况 4 静力分析

工况 4——A 池无水，B、C 池内均有水。B、C 池内施加沿墙高方向渐变静水压力，至墙体根部为34kN/m²，底板施加34kN/m²均匀静水压力。

1. A区结构

1）A区结构应力分析

沉淀池结构A区板件σ_x、σ_y和σ_z应力分布情况见图3.42。图3.42（a）中，沿沉淀池纵向分布的σ_x最大拉、压应力均出现在右侧横墙与外纵墙交界处，分别约为0.80MPa和-1.76MPa，未超出混凝土强度；其余板面应力集中在-0.33~0.23MPa，应力值相对较小，未超出混凝土强度设计值。

图3.42（b）中，沿沉淀池纵向分布的σ_y最大拉、压应力均位于右侧横墙与底板交界处，分别约为0.37MPa和-0.90MPa，未超出混凝土强度；其余板面应力集中在-0.33~0.23MPa，应力相对较小。

图3.42（c）中，沿沉淀池纵向分布的σ_z最大拉应力位于右侧横墙与底板交界处外侧及底板与中纵墙交界处的底面，约为0.73MPa，但未超出混凝土抗拉强度；最大压应力区在底板与中纵墙交界处的顶面，压应力峰值约为-0.73MPa；板件交界处应力集中现象显著。其余板面应力集中在-0.08~0.24MPa，应力值相对较小。

比较图3.42（a）~（c），板面x向应力数值及分布趋势比y、z向偏于危险，且因A区无静水压力作用，该工况下各板件应力明显低于工况2和工况3。

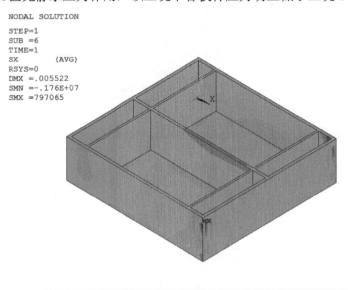

图3.42　工况4沉淀池A区结构各向应力云图（单位：Pa）

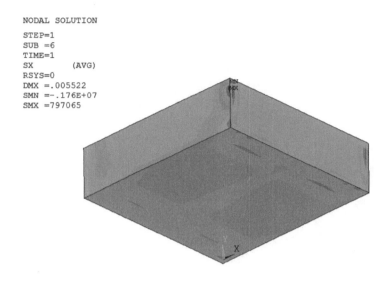

NODAL SOLUTION
STEP=1
SUB =6
TIME=1
SX   (AVG)
RSYS=0
DMX =.005522
SMN =-.176E+07
SMX =797065

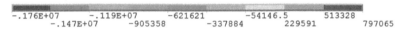

-.176E+07	-.119E+07	-621621	-54146.5	513328	
	-.147E+07	-905358	-337884	229591	797065

（a）σ_x 应力云图

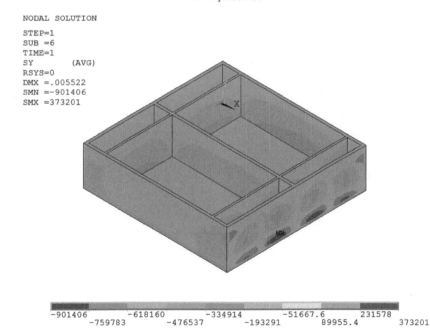

NODAL SOLUTION
STEP=1
SUB =6
TIME=1
SY   (AVG)
RSYS=0
DMX =.005522
SMN =-901406
SMX =373201

-901406	-618160	-334914	-51667.6	231578	
	-759783	-476537	-193291	89955.4	373201

图 3.42（续）

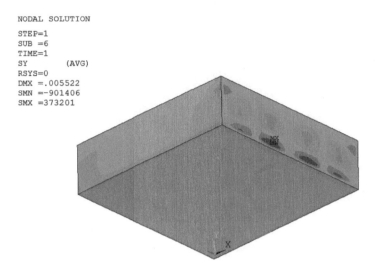

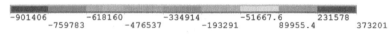

（b）σ_y 应力云图

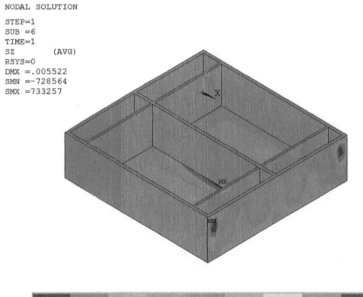

图 3.42（续）

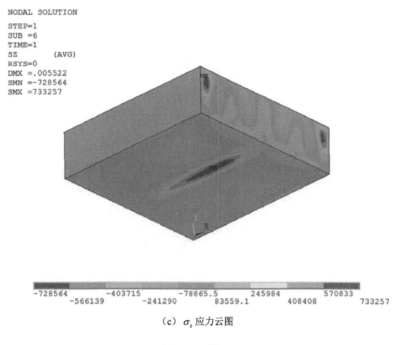

NODAL SOLUTION
STEP=1
SUB =6
TIME=1
SZ   (AVG)
RSYS=0
DMX =.005522
SMN =-728564
SMX =733257

-728564   -403715   -78865.5   245984   570833
        -566139   -241290   83559.1   408408   733257

（c）σ_z 应力云图

图 3.42（续）

2）A 区结构变形分析

对于 A 池无水工况，结构仅承受重力荷载作用，变形量较工况 2 和工况 3 下降，见图 3.43。结构沿 x 向变形基本控制在 0.1mm 以内。沿 y 向变形主要由重力荷载引起，在水池底板中央接近向下位移 4.8mm，右侧横墙处接近位移 5.5mm。沿 z 向变形以两外纵墙中央处最大，分别向池外方向产生 0.3mm 左右位移。将结构三向变形量汇总后，得到其各向位移矢量和极值为 5.5mm，位于右侧横墙中央区域。在结构各向变形中，以 y 向变形起控制作用，主要对应重力荷载作用方向。

2. B 区结构

1）B 区结构应力分析

沉淀池结构 B 区各板件 σ_x、σ_y 和 σ_z 应力分布情况见图 3.44。图 3.44（a）中，沿沉淀池纵向分布的 σ_x 最大拉应力出现在靠近 A 区的外纵墙顶部内侧及该墙与底板交界处的内侧面，约为 0.63MPa；最大压应力出现在外纵墙与 A 区横墙衔接处顶端外侧，为-1.06MPa；其余板面应力集中在-0.31~0.44MPa，满足 C30 混凝土强度设计要求。

图 3.44（b）中，沿沉淀池竖向分布的 σ_y 最大拉应力出现在外纵墙与底板交界处内侧，约为 1.14MPa，该峰值应力主要由静水压力作用导致，但未超出 C30 混凝土抗拉强度；最大压应力出现在底板与外纵墙交界处外侧，为-1.69MPa；其

余各板面基本以沿竖向受压为主，压应力低于-0.12MPa。

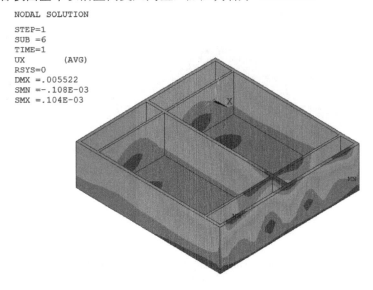

（a）x 向变形云图

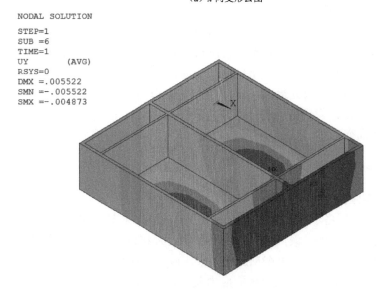

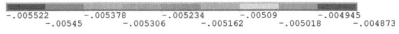

（b）y 向变形云图

图 3.43　工况 4 沉淀池 A 区结构各向变形云图（单位：m）

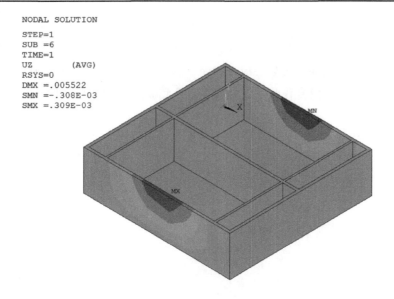

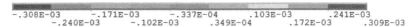

（c）z 向变形云图

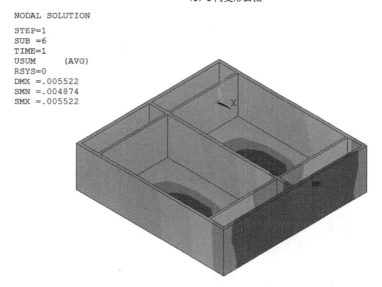

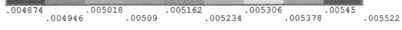

（d）三向变形矢量和云图

图 3.43（续）

　　图 3.44（c）中，沿沉淀池横向分布的 σ_z 最大拉应力出现在底板与外纵墙交界处的顶面，约为 2.17MPa，与工况 3 中板件应力峰值基本持平，已超出混凝土抗拉强度；最大压应力出现在该处底板下表面，约为-1.52MPa；其余各板面应力为-0.28～0.94MPa。纵墙应力较底板应力偏小，且底板沿 z 向配筋量偏小，有待调整。

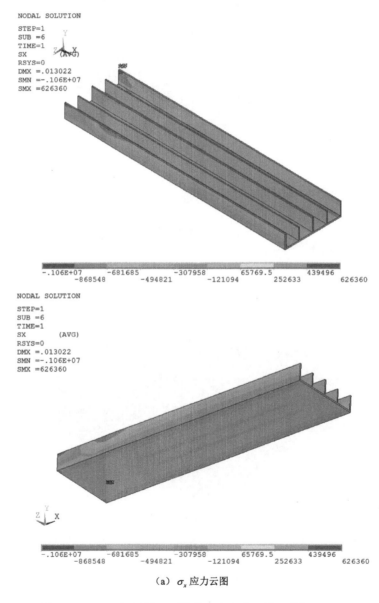

（a）σ_x 应力云图

图 3.44　工况 4 沉淀池 B 区结构各向应力云图（单位：Pa）

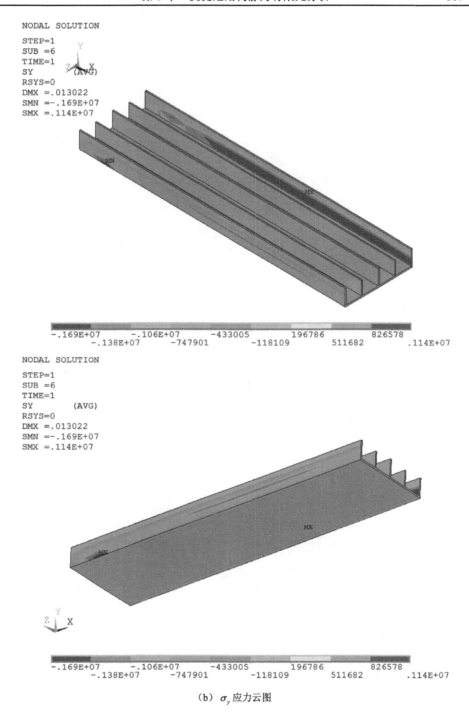

（b）σ_y 应力云图

图 3.44（续）

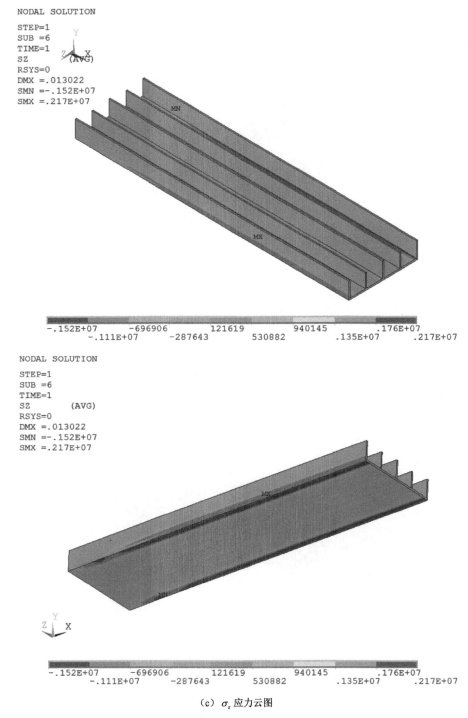

（c）σ_z 应力云图

图 3.44（续）

　　比较而言，该工况下虽然 B 区按最高蓄水高度考虑静水压力，但板件应力数值比三池有水工况明显偏小，仅底板 z 向配筋量有待优化。

　　由图 3.44 分析结果可知，B 区仅底板出现较大拉应力，故仅对底板主要断面进行详细应力分析。依照图 3.1 中各分区结构布置图，选取沉淀池 B 区沿纵向 $x=30.0m$、$x=49.0m$、$x=67.0m$ 和 $x=86.0m$ 处为关键横断面（分别对应图 3.1 中 7—7、8—8、9—9、10—10 断面），底板沿配筋方向 x 向应力分布情况见图 3.45（a）。被各纵墙分割成的狭长板带区格中，两边区格上表面呈受拉状态，拉应力峰值约为 0.44MPa；相对应区格的板底表现为沿 x 向受压状态，压应力峰值约为-0.40MPa；其余板面应力基本为-1.19~0.16MPa。底板沿 x 向应力总体偏小。

　　选取沉淀池 B 区沿横向 $z=0.4m$、$z=5.1m$ 和 $z=9.2m$ 处为关键纵断面（分别对应图 3.1 中 11—11、12—12、13—13 断面），底板沿配筋方向 z 向应力分布情况见图 3.45（b）。$z=0.4m$ 处断面内，板顶出现受拉峰值区，应力值约为 1.88MPa；其余板面应力基本为-0.38~0.75MPa。按照 2.4 节结构施工图描述，底板配置沿 x 向和 z 向双层双向钢筋网，底板沿 z 向配筋量不足，有待调整。

　　2）B 区结构变形分析

　　对于 B 池有水工况，结构同时承受重力荷载和静水压力作用，变形量较工况 1 有所提升，见图 3.46。结构沿 x 向变形基本控制在 0.2mm 以内。沿 y 向变形主要由重力荷载和静水压力共同引起，多面纵墙均接近向下 5.9mm 位移。由于静水压力作用，沿 z 向变形以两外纵墙中央处最大，分别向池外方向产生 11.6mm 左右位移。将结构三向变形量汇总后，得到其各向位移矢量和极值为 13.0mm，位于两外纵墙顶端。在结构各向变形中，以 y 向变形和 z 向变形起控制作用，分别对应两向主要荷载。有限元计算过程中，为提高计算效率，忽略了各纵墙顶部的走道板构造，引起长纵墙变形量过大。实际工程中，考虑到走道板的刚度增大效应，将对纵墙顶部的较大变形量有所抑制。

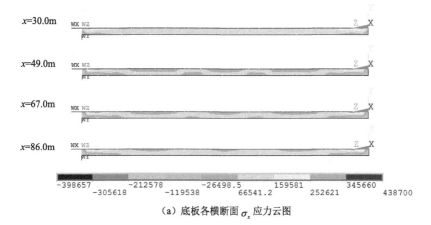

（a）底板各横断面 σ_x 应力云图

图 3.45　工况 4 沉淀池 B 区底板主要断面应力云图（单位：Pa）

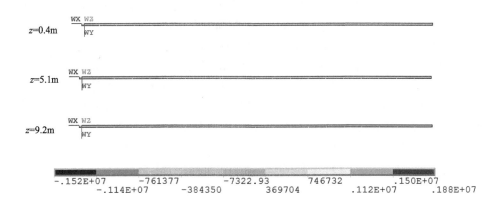

（b）底板各纵断面 σ_z 应力云图

图 3.45（续）

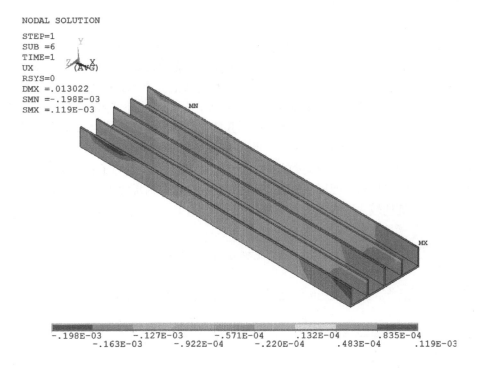

（a）x 向变形云图

图 3.46　工况 4 沉淀池 B 区结构各向变形云图（单位：m）

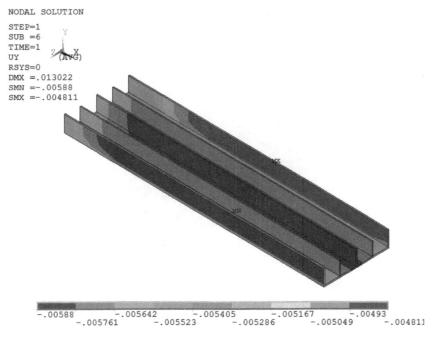

（b）y 向变形云图

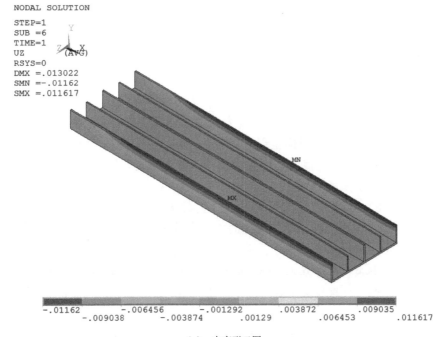

（c）z 向变形云图

图 3.46（续）

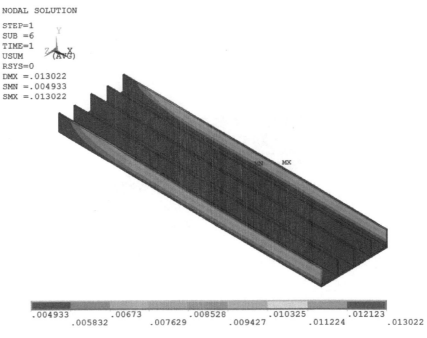

NODAL SOLUTION
STEP=1
SUB =6
TIME=1
USUM
RSYS=0
DMX =.013022
SMN =.004933
SMX =.013022

.004933　　　.00673　　　.008528　　　.010325　　　.012123
　　　.005832　　　.007629　　　.009427　　　.011224　　　.013022

（d）三向变形矢量和云图

图 3.46（续）

3. C 区结构

1）C 区结构应力分析

沉淀池结构 C 区各板件 σ_x、σ_y 和 σ_z 应力分布情况见图 3.47。图 3.47（a）中，沿沉淀池纵向分布的 σ_x 最大拉应力出现在外纵墙与右侧外横墙交角内侧，约为 1.86MPa；该处墙体外侧呈现-1.35MPa 的最大压应力；其余板面应力集中在-0.28~0.43MPa，应力值区间较 A 区偏小，除个别应力集中位置外，基本满足 C30 混凝土强度设计要求。

图 3.47（b）中，沿沉淀池竖向分布的 σ_y 最大拉应力出现在外纵墙与底板交界处内侧，约为 1.61MPa，该峰值应力主要由静水压力作用导致，超出 C30 混凝土抗拉强度，但峰值区域极小；最大压应力出现在底板与外纵墙交界处外侧，为-2.01MPa；其余各板面基本以沿竖向受压为主，压应力低于-0.40MPa。纵墙比底板应力数值偏大且受拉区明确，除个别应力集中位置外，基本满足 C30 混凝土强度设计要求。

图 3.47（c）中，沿沉淀池横向分布的 σ_z 最大拉应力出现在底板与外纵墙交界处的顶面及各纵墙与外横墙交界处，约为 2.09MPa，已超出混凝土抗拉强度；最大压应力出现在该处底板下表面，约为-1.45MPa；其余各板面应力为-0.26~

0.51MPa。比较而言，纵墙应力较底板应力偏小。底板和外横墙沿 z 向配筋量偏小，有待调整。

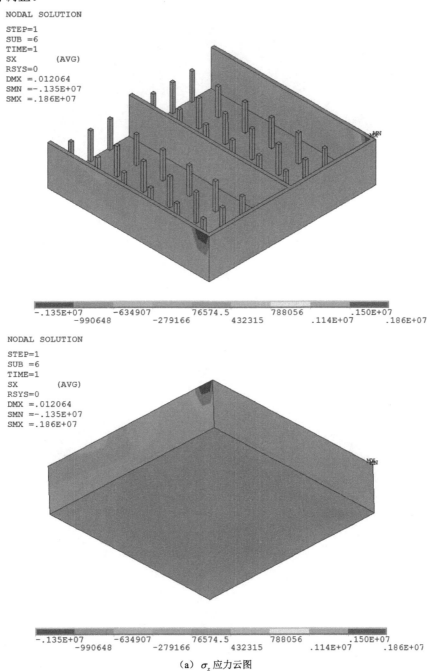

（a）σ_x 应力云图

图 3.47　工况 4 沉淀池 C 区结构各向应力云图（单位：Pa）

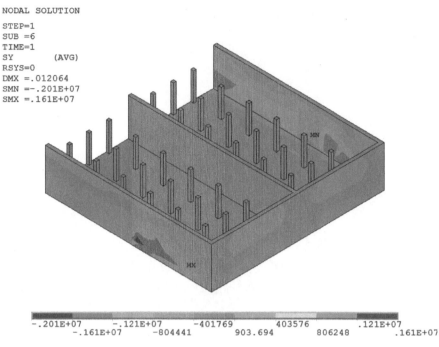

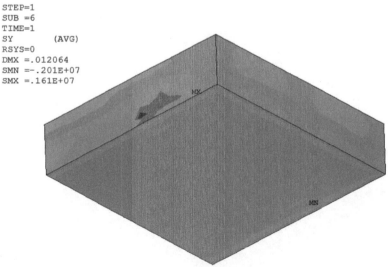

（b）σ_y 应力云图

图 3.47（续）

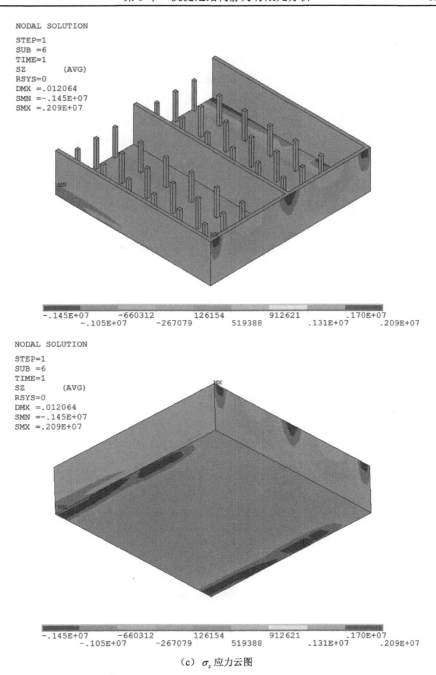

（c）σ_z 应力云图

图 3.47（续）

比较可见，该工况下 C 区板件受力情况接近三池有水工况，仅底板和外横墙沿 z 向拉应力较大，超出混凝土强度设计值，需要调整板内沿 z 向配筋量。

由图 3.47 分析结果可知，C 区仅底板出现较大拉应力，故仅对底板主要断面进行详细应力分析。依照图 3.1 中各分区结构布置图，选取沉淀池 C 区沿纵向 $x=95.0$m、$x=101.0$m 和 $x=111.5$m 处为关键横断面（分别对应图 3.1 中 14—14、15—15、16—16 断面），底板沿配筋方向 x 向应力分布情况见图 3.48（a）。被各纵墙分割成的狭长板带区格中，在 $x=111.5$m 断面上，两中间区格上表面呈受拉状态，拉应力峰值约为 0.58MPa；相对应区格的板底表现为沿 x 向受压状态，压应力峰值约为-0.44MPa；其余板面应力基本为-0.01~0.13MPa。底板沿 x 向应力总体偏小。

选取沉淀池 C 区沿横向 $z=0.4$m、$z=5.1$m 和 $z=9.2$m 处为关键纵断面（分别对应图 3.1 中 17—17、18—18、19—19 断面），底板沿配筋方向 z 向应力分布情况见图 3.48（b）。$z=0.4$m 处断面内，板顶出现受拉峰值区，应力值约为 1.94MPa；其余板面应力基本为-0.28~0.45MPa。底板沿 z 向应力总体也偏小，配置沿 x 向和 z 向双层双向钢筋网，按照 2.4 节结构施工图描述的配筋情况，除个别断面沿 z 向配筋不足外，大部分板面基本满足设计要求。

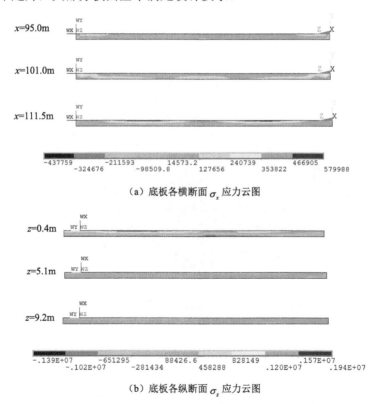

（a）底板各横断面 σ_x 应力云图

（b）底板各纵断面 σ_z 应力云图

图 3.48　工况 4 沉淀池 C 区底板主要断面应力云图（单位：Pa）

2）C 区结构变形分析

对于 C 池有水工况，结构同时承受重力荷载和静水压力作用，其变形量较工况 1 有所提升，见图 3.49。结构沿 x 向变形基本控制在 0.27mm 以内，右侧外横墙 x 向局部变形相对明显，变形量约为 0.70mm。沿 y 向变形主要由重力荷载和静水压力共同引起，多面纵墙均接近向下 5.9mm 位移。由于静水压力作用，B、C 区交界处两外纵墙沿 z 向变形最大，分别向池外方向产生 10.5mm 左右位移。将结构三向变形量汇总后，得到其各向位移矢量和极值为 12.1mm，位于 B、C 区交界处两外纵墙。在结构各向变形中，以 y 向变形和 z 向变形起控制作用，分别对应两向主要荷载。在有限元计算过程中，为提高计算效率，忽略了各纵墙顶部的走道板构造，引起长纵墙变形量过大。实际工程中，考虑到走道板的刚度增大效应，将对纵墙顶部的较大变形量有所抑制。

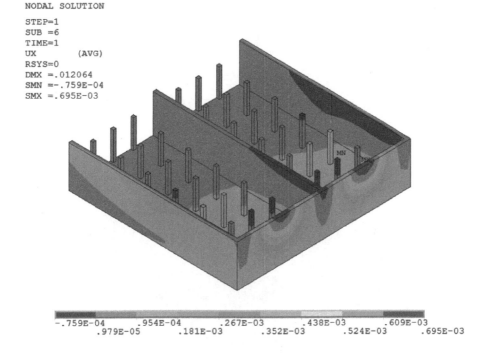

（a）x 向变形云图

图 3.49　工况 4 沉淀池 C 区结构各向变形云图（单位：m）

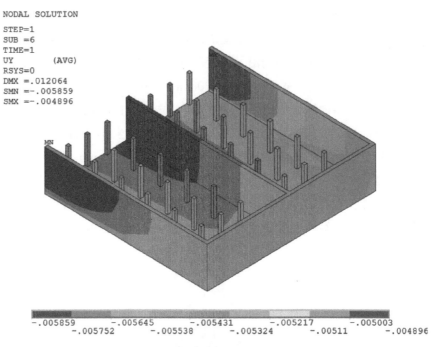

（b）y 向变形云图

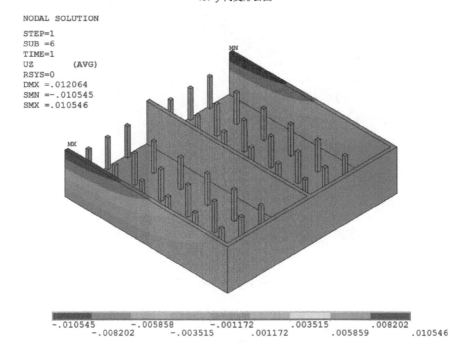

（c）z 向变形云图

图 3.49（续）

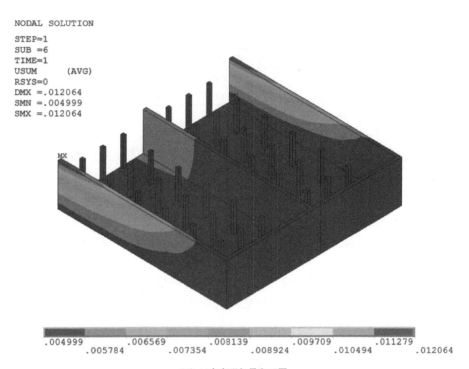

（d）三向变形矢量和云图

图 3.49（续）

3.5　多工况静力分析结果对比

3.5.1　应力分析结果

　　针对沉淀池整体结构而言，工况 1 为无水工况，工况 2 为各池均有水工况，工况 3 和工况 4 为部分池有水工况。总体来说，有水工况结构各向应力明显高于无水工况。统计结果见表 3.1。

表 3.1　各工况下沉淀池结构正截面应力峰值统计表　　　（单位：MPa）

分区	工况	σ_x		σ_y		σ_z	
		最大拉应力	最大压应力	最大拉应力	最大压应力	最大拉应力	最大压应力
A 区	工况 1	0.30	−0.25	0.03	−0.44	0.57	−0.49
	工况 2	2.37	−2.44	1.84	−1.68	1.91	−2.28
	工况 3	2.50	−3.09	1.84	−1.69	1.88	−2.30
	工况 4	0.80	−1.76	0.37	−0.90	0.73	−0.73
B 区	工况 1	0.13	−0.15	0.006	−0.22	0.34	−0.30
	工况 2	0.50	−0.65	2.11	−2.21	2.17	−1.45

分区	工况	σ_x		σ_y		σ_z	
		最大拉应力	最大压应力	最大拉应力	最大压应力	最大拉应力	最大压应力
B区	工况3	0.33	-0.20	0.02	-0.35	0.54	-0.48
	工况4	0.63	-1.06	1.14	-1.69	2.17	-1.52
C区	工况1	0.16	-0.17	0.09	-0.39	0.30	-0.30
	工况2	1.86	-1.35	1.61	-2.01	2.09	-1.45
	工况3	因位于蓄水池A区远端，该区受力情况接近工况1，缺省					
	工况4	1.86	-1.35	1.61	-2.01	2.09	-1.45

对于工况 1，A 区三向最大拉应力约为 0.57MPa，三向最大压应力约为 -0.49MPa。B 区三向最小拉应力约为 0.006MPa，三向最大压应力约为-0.30MPa。C 区三向最大拉应力约为 0.30MPa，三向最大压应力约为-0.39MPa。现有配筋已满足受力要求。

对于工况 2，A 区结构在静水压力作用下，外纵墙在与内横墙交界处内侧 x 向拉应力达 2.37MPa；左侧外横墙与底板交界处 y 向拉应力约为 1.84MPa；左侧外横墙与内纵墙交界处 z 向拉应力约为 1.91MPa；三向拉应力峰值均超出混凝土抗拉强度。三向压应力峰值为-2.44MPa。为避免混凝土发生受拉破坏，需加强外纵墙 x 向配筋及左端外横墙 y、z 向配筋。

B 区结构在静水压力作用下，外纵墙顶部及该墙与底板交界处的内侧面 x 向应力约为 0.50MPa；外纵墙与底板交界处内侧 y 向应力约为 2.11MPa；底板与外纵墙交界处的顶面 z 向应力约为 2.17MPa；y、z 向拉应力峰值均超出混凝土抗拉强度，三向压应力峰值为-2.21MPa。为避免混凝土发生受拉破坏，需加强外纵墙 y 向配筋及底板 z 向配筋。

C 区结构在静水压力作用下，外纵墙与右侧外横墙交角内侧 x 向应力约为 1.86MPa；外纵墙与底板交界处内侧 y 向应力约为 1.61MPa；底板与外纵墙交界处的顶面 z 向应力约为 2.09MPa；x、y、z 向拉应力峰值均超出混凝土抗拉强度。三向压应力峰值为-2.01MPa。为避免混凝土发生受拉破坏，需加强外纵墙 x、y 向配筋及底板 z 向配筋。

对于工况 3，A 区有水，其结构外纵墙在与内横墙交界处内侧 x 向应力约为 2.50MPa；左侧外横墙与底板交界处 y 向拉应力约为 1.84MPa；左侧外横墙与内纵墙交界处 z 向拉应力约为 1.88MPa；三向拉应力峰值均超出混凝土抗拉强度，且 x 向应力略高出工况 2。三向压应力峰值为-3.09MPa。为避免混凝土发生受拉破坏，需加强外纵墙 x 向配筋及左端外横墙 y、z 向配筋。

B 区结构因池内无水，应力值普遍较小，三向最大拉应力约为 0.54MPa，三向最大压应力约为-0.48MPa。现有配筋已满足受力要求。

C 区因位于蓄水池 A 区远端，该区受力情况接近工况 1，缺省。

　　对于工况 4，A 区无水，三向最大拉应力约为 0.80MPa，三向最大压应力约为-1.76MPa。现有配筋已满足受力要求。

　　B 区有水，但 x、y 向拉应力均低于 1.14MPa；底板与外纵墙交界处的顶面 z 向最大拉应力约为 2.17MPa，超出混凝土抗拉强度。三向压应力峰值为-1.69MPa。为避免混凝土发生受拉破坏，需加强底板沿 z 向配筋。

　　C 区有水，其应力分布情况及应力峰值同工况 2。为避免混凝土发生受拉破坏，也需加强外纵墙 x、y 向配筋及底板 z 向配筋。

3.5.2　变形分析结果

　　针对沉淀池整体结构而言，有水工况结构各向变形量明显高于无水工况。统计结果见表 3.2。结构各区沿 x 向位移量极小。各区竖向位移均在 5mm 以上。B 区和 C 区因外纵墙较长，支承端距离远，在静水压力作用下沿 z 向位移普遍超过 10mm；有限元计算过程中，为提高计算效率，忽略了各纵墙顶部的走道板构造，引起长纵墙变形量过大，实际工程中考虑到走道板的刚度增大效应，对长纵墙顶部的较大变形量有所抑制。

表 3.2　各工况下沉淀池结构变形量峰值统计表　　　　　（单位：mm）

分区	工况	x 向	y 向	z 向	三向矢量和
A 区	工况 1	0.09	5.20	0.32	5.2
	工况 2	1.55	5.9	5.3	7.9
	工况 3	1.5	5.8	5.1	7.7
	工况 4	0.1	5.5	0.3	5.5
B 区	工况 1	0.08	5.2	0.32	5.2
	工况 2	2.06	5.9	11.6	13.0
	工况 3	0.13	5.5	0.3	5.5
	工况 4	0.2	5.9	11.0	13.0
C 区	工况 1	0.09	5.2	0.32	5.2
	工况 2	0.7	5.8	10.5	12.1
	工况 3	因位于蓄水池 A 区远端，该区受力情况接近工况 1，缺省			
	工况 4	0.70	5.8	10.5	12.1

第4章 沉淀池结构动力有限元分析

在沉淀池结构设计过程中，采用 3D 有限元模型进行了沉淀池动力时程波作用下的应力和变形分析，以验证结构材料选用、截面选择和配筋量的合理性，并根据计算结果对设计方案进行了优化处理。

4.1 动力计算原理

本章旨在分析沉淀池结构的动力特性和在多遇地震时程波作用下的动力时程响应问题，需要解决的关键技术问题主要集中在地震波动场的确定、有限元模型中地震动时程的输入和通过附加质量实现流固耦合效应（王慧等，2011a，2011b；Burman, et al，2012；Wu, et al，2006）。

4.1.1 地震波动场和时程波输入

结构所处地区地震烈度为 7 度，设计基本地震加速度值为 0.10g，设计地震分组为第一组，场地类别为Ⅱ类，建筑物的设计特征周期为 0.35s。根据《建筑抗震设计规范（2016 年版）》（GB 50011—2010），针对不同抗震设防烈度，采用时程分析方法所需地震加速度时程的最大值见表 4.1。对本结构，多遇地震下加速度时程峰值取 35cm/s^2。

表 4.1　时程分析方法所需地震加速度时程的最大值　　（单位：cm/s^2）

地震影响	6 度	7 度	8 度	9 度
多遇地震	18	35（55）	70（110）	140
罕遇地震	125	220（310）	400（510）	620

注：括号内数值 55 和 310 对应设计基本地震加速度为 0.15g 的地区，110 和 510 对应设计基本地震加速度为 0.30g 的地区。

对结构施加 300 步/6s 水平横向与纵向 Elcentro 地震波，两向动荷载组合系数为 1∶0.85。经调幅后，多遇地震下水平横向地震加速度和水平纵向地震加速度时程曲线见图 4.1。

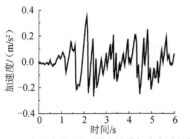

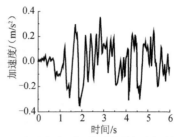

（a）多遇地震下水平横向地震加速度时程曲线　　（b）多遇地震下水平纵向地震加速度时程曲线

图 4.1　Elcentro 波地震加速度时程曲线（6s）

4.1.2　附加质量法

地震作用下，大型储水及输水结构等承受动水压力的作用（李遇春等，2000）。采用动力法进行抗震计算时，动水压力可用固结在迎水面上的附加质量单元进行简化。附加质量法由 Westergaard 提出，他求解了刚性重力坝在水平地震荷载作用下的附加动水压力分布。根据同类结构动水压力及附加质量的计算方法，对沉淀池结构开展动力分析时，板面一侧单位面积水的附加质量可用下式计算：

$$p(z) = \frac{7}{8} \beta \gamma_w \sqrt{Hz}$$

式中：$p(z)$ 为距离水面 z 处单位面积水的附加质量；β 为有限宽度水域时附加质量的折减系数；γ_w 为水单位体积重力，取 10kN/m^3；H 为储水池内水体高度；z 为计算点到水面的距离。

由于附加质量法是基于半无限大水域得出的，在应用于有限宽度水域时需乘以折减系数，见表 4.2。

表 4.2　应用于有限宽度水域时附加质量的折减系数

B/H	0.2	0.4	0.6	0.8	1.0	1.2
β	0.16	0.30	0.47	0.56	0.66	0.74
B/H	1.4	1.6	1.8	2.0	2.5	≥3
β	0.80	0.85	0.89	0.92	0.96	1.00

注：B/H 为水流的宽高比。

沉淀池水面净宽 18.1m，A 区设计最高水位为 4.5m，B、C 区设计最高水位为 3.4m，B/H 均超过 3，故折减系数 β 取 1。对于 A 区，$p_A(z) = 8.75\sqrt{4.5z}$(kN/m^2)，对于 B、C 区，$p_{B(C)}(z) = 8.75\sqrt{3.4z}$(kN/m^2)。使用自编 APDL 语言程序，实现池内壁及底板顶面水体附加质量的自动加载。以 A 区为例，附加水体质量有限元模型见图 4.2。

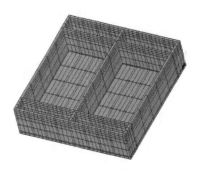

图 4.2　附加水体质量有限元模型

4.2　动力特性分析

沉淀池结构的动力分析包括动力特性分析和动力响应分析两部分，前者是结构地震反应计算和抗震设计的基础。本节将对沉淀池在两种储水工况下的动力特性进行分析计算，获得结构前 10 阶振动频率和相关振型，以明确水体作用对结构动力特性的影响度，供抗震设计参考。

工况 1 下结构前 10 阶振动频率和相关振型见表 4.3，前 10 阶频率振型图见图 4.3。

表 4.3　工况 1 沉淀池振动频率和相关振型

阶次	频率/Hz	振型	阶次	频率/Hz	振型
1	1.1989	绕 z 轴单向弯曲	6	4.5952	绕 x 轴小幅扭转
2	1.3973	绕 x 轴大幅扭转	7	4.9145	绕 y 轴小幅弯曲
3	2.6636	绕 x 轴小幅扭转	8	5.3846	C 区底板绕 y 轴双向弯曲
4	3.1852	绕 z 轴双向弯曲	9	5.5852	绕 x 轴小幅扭转
5	3.3151	绕 x 轴大幅扭转	10	5.9840	绕 z 轴多向弯曲

（a）1 阶振型：绕 z 轴单向弯曲侧视图

图 4.3　工况 1 主振型图（1～10 阶）

（b）2 阶振型：绕 x 轴大幅扭转侧视图

（c）3 阶振型：绕 x 轴小幅扭转侧视图

（d）4 阶振型：绕 z 轴双向弯曲侧视图

（e）5 阶振型：绕 x 轴大幅扭转侧视图

（f）6 阶振型：绕 x 轴小幅扭转侧视图

图 4.3（续）

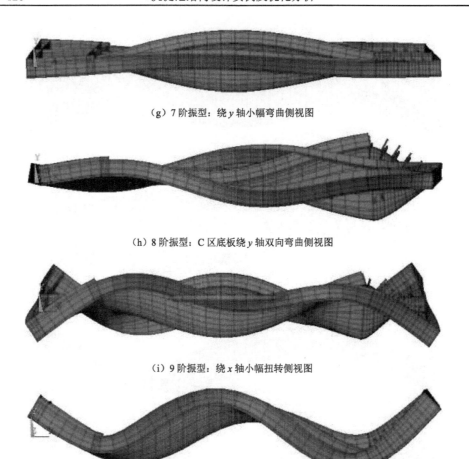

（g）7 阶振型：绕 y 轴小幅弯曲侧视图

（h）8 阶振型：C 区底板绕 y 轴双向弯曲侧视图

（i）9 阶振型：绕 x 轴小幅扭转侧视图

（j）10 阶振型：绕 z 轴多向弯曲侧视图

图 4.3（续）

工况 2 下结构前 10 阶振动频率和相关振型见表 4.4，前 10 阶频率振型图见图 4.4。

表 4.4　工况 2 沉淀池振动频率和相关振型

阶次	频率/Hz	振型	阶次	频率/Hz	振型
1	1.0139	绕 x 轴向上弯曲	6	1.0848	绕 z 轴小幅弯曲
2	1.0241	纵墙绕 x 轴扭转	7	1.1080	底板绕 z 轴弯曲，纵墙绕 x 轴扭转
3	1.0251	绕 y 轴扭转	8	1.1452	底板绕 z 轴弯曲，纵墙绕 x 轴扭转
4	1.0449	纵墙向内绕 y 轴弯曲	9	1.1457	绕 y 轴扭转
5	1.0749	纵墙绕 x 轴大幅扭转	10	1.1890	底板绕 z 轴弯曲，纵墙绕 x 轴扭转

(a) 1 阶振型：绕 x 轴向上弯曲俯视图

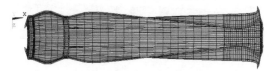

(b) 2 阶振型：纵墙绕 x 轴扭转俯视图

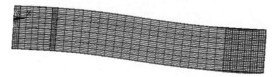

(c) 3 阶振型：绕 y 轴扭转俯视图

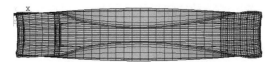

(d) 4 阶振型：纵墙向内绕 y 轴弯曲俯视图

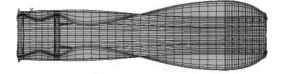

(e) 5 阶振型：纵墙绕 x 轴大幅扭转俯视图

(f) 6 阶振型：绕 z 轴小幅弯曲俯视图

(g) 7 阶振型：底板绕 z 轴弯曲，纵墙绕 x 轴扭转俯视图

图 4.4　工况 2 前 10 阶主振型图（1～10 阶）

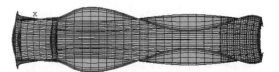

（h）8 阶振型：底板绕 z 轴弯曲，纵墙绕 x 轴扭转俯视图

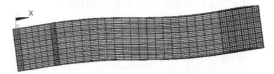

（i）9 阶振型：绕 y 轴扭转俯视图

（j）10 阶振型：底板绕 z 轴弯曲，纵墙绕 x 轴扭转俯视图

图 4.4（续）

图 4.3 为工况 1 前 10 阶主振型图。其中，第 1、4 及 10 阶振型为结构绕 z 轴弯曲；第 2、3、5、6 及 9 阶振型为结构绕 x 轴扭转；第 7、8 阶振型为结构绕 y 轴弯曲。由于沉淀池为沿 x 向纵长结构，顺 x 轴向结构刚度较弱，故以绕 z 轴弯曲和绕 x 轴扭转的振动形态为主。且在 B、C 区段内，纵墙沿 z 向振动变形极其明显。

图 4.4 为工况 2 前 10 阶主振型图。其中，其中第 1、2、5、7、8、10 阶振型为绕 x 轴变形，第 3、4、9 阶振型为绕 y 轴变形，第 6～8 阶及 10 阶振型为结构绕 z 轴弯曲。由于各区大量蓄水，结构振动幅度减小，且对结构沿纵向刚度偏弱的特性有显著调节，因此在 10 阶振型中，结构绕各轴的振动阶数相差不大。

由表 4.3、表 4.4 和图 4.5 可见，两工况中结构前 10 阶频率均随阶数渐次增大。工况 1 为各区无水，各阶频率明显相对较高，最大值达 5.9840。工况 2 为各区域均为最高水位，第 10 阶频率仅为 1.1890。可见蓄水量对结构频率有明显的影响，蓄水量越大，结构振动频率越低，自振周期越长。

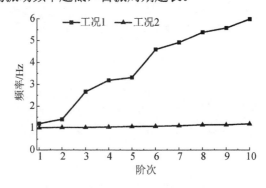

图 4.5　两工况下倒虹吸振动频率

4.3　多遇地震下动力响应分析

4.3.1　工况 1 动力响应

对本结构在多遇地震作用下进行动力时程分析，其地震加速度时程波峰值为 35cm/s^2。经过调幅后的 6s 长 Elcentro 时程波见图 4.1（a）和（b）。其水平横向地震加速度与水平纵向地震加速度幅值比例为 1∶0.85。本节将就结构在双向地震波作用下的动力响应指标进行分析，以评价沉淀池结构的抗震性能及相关影响因素。

1. A 区动力响应分析

1）动应力

沉淀池 A 区板件在 t=1s、3s 和 5s 时的 σ_x、σ_y 和 σ_z 应力分布情况见图 4.6。

图 4.6（a）、（d）和（g）为沿沉淀池纵向分布的 σ_x 应力云图。最大拉应力均出现在底板与右侧内横墙交界处的底面，拉应力极值为 0.36～0.37MPa，以 t=5s 时应力值稍大。最大压应力均出现在底板与左侧内横墙交界处的顶面，压应力极值为-0.26～-0.27MPa，以 t=3s 时应力值稍大。应力值区间整体偏小，未超出混凝土强度设计要求。

图 4.6（b）、（e）和（h）为沿沉淀池竖向分布的 σ_y 应力云图。最大拉应力多出现在内横墙与底板或外纵墙交界处，拉应力极值在 0.06MPa 左右，以 t=3s 时应力值稍大。最大压应力均出现在 A 区左端外纵墙与外横墙交界处外侧，压应力极值为-0.41～-0.45MPa，以 t=5s 时应力值大。应力值区间整体偏小，未超出混凝土强度设计要求。

图 4.6（c）、（f）和（i）为沿沉淀池横向分布的 σ_z 应力云图。最大拉应力均出现在底板与内横墙交界处的底面，拉应力极值为 0.59～0.68MPa，以 t=5s 时应力值稍大。最大压应力均出现在底板与内横墙交界处的底面，压应力极值为-0.53～-0.55MPa，以 t=3s 时应力值稍大。应力值区间整体偏小，未超出混凝土强度设计要求。

根据图 4.6 各关键时间步应力云图分布情况，选定 A 区各拉、压应力极值点，并获得其 6s 加载时程内的应力极值，见表 4.5。选取表 4.5 中出现拉、压应力极值的关键节点，绘制其应力时程曲线，见图 4.7。由表 4.5 和图 4.7 知，A 区结构沿 x 向最大 σ_x 应力全时域极值约为 0.52MPa，沿 y 向最大 σ_y 应力全时域极值约为 0.06MPa，沿 z 向最大应力 σ_z 全时域极值约为 0.49MPa，普遍出现在地震波施加初期和末期。但应力极值均较小。

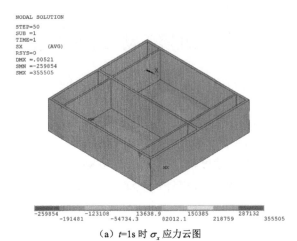

（a）t=1s 时 σ_x 应力云图

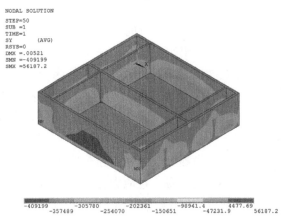

（b）t=1s 时 σ_y 应力云图

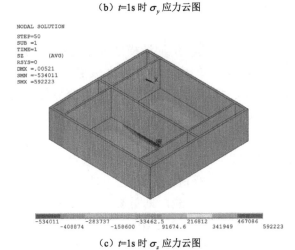

（c）t=1s 时 σ_z 应力云图

图 4.6　工况 1 沉淀池 A 区结构主要时间步各向应力云图（单位：Pa）

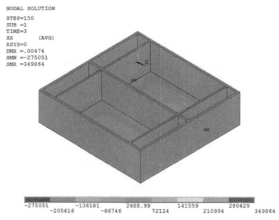

（d）t=3s 时 σ_x 应力云图

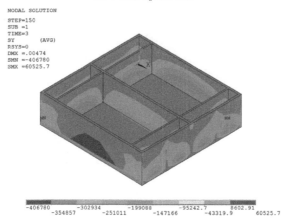

（e）t=3s 时 σ_y 应力云图

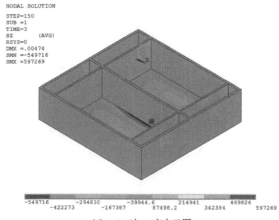

（f）t=3s 时 σ_z 应力云图

图 4.6（续）

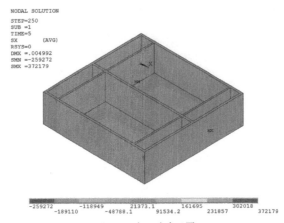

（g）t=5s 时 σ_x 应力云图

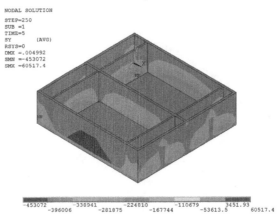

（h）t=5s 时 σ_y 应力云图

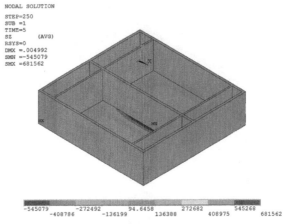

（i）t=5s 时 σ_z 应力云图

图 4.6（续）

表 4.5　工况 1 沉淀池 A 区结构关键节点全时域应力极值

节点编号	坐标/m			应力极值/MPa			时间点/s
	x	y	z	σ_x	σ_y	σ_z	
4643	17.30	−0.40	3.43	0.52			5.66
1666	2.55	0.00	3.43	−0.44			5.20
1491	17.30	0.20	1.78		0.06		5.22
486	0.00	0.20	18.85		−0.49		0.08
683	11.35	−0.40	9.65			0.49	0.08
687	11.35	0.00	9.65			−0.84	0.08

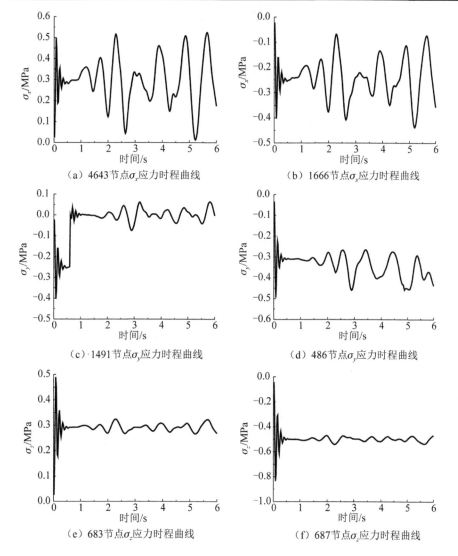

（a）4643节点σ_x应力时程曲线　　（b）1666节点σ_x应力时程曲线

（c）1491节点σ_y应力时程曲线　　（d）486节点σ_y应力时程曲线

（e）683节点σ_z应力时程曲线　　（f）687节点σ_z应力时程曲线

图 4.7　工况 1 沉淀池 A 区结构关键节点应力时程曲线

2）动位移

沉淀池 A 区板件在 t=3s、4s 和 5s 时的三向位移矢量和分布情况见图 4.8。最大位移均出现在外纵墙中部，在 t=4s 时约为 10mm。针对位移最大节点 3944，绘制其位移时程曲线，见图 4.9。其 5.2s 时出现 x 向最大位移-14mm，0.08s 时出现 y 向最大位移-6.3mm，5.42s 时出现 z 向最大位移 20.1mm，z 向位移相对较大[*]。

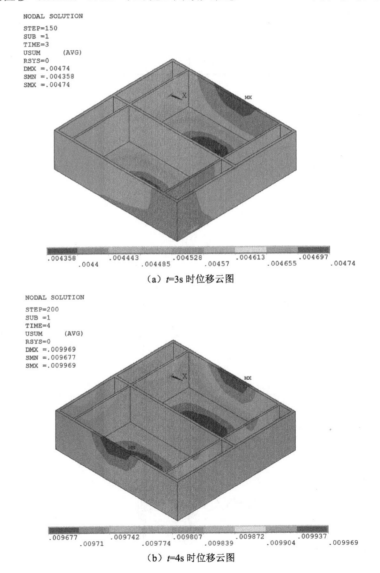

（a）t=3s 时位移云图

（b）t=4s 时位移云图

图 4.8　工况 1 沉淀池 A 区结构主要时间步三向位移矢量和云图（单位：m）

---

[*] 本书位移中的负号表示方向，最大位移指其绝对值最大。

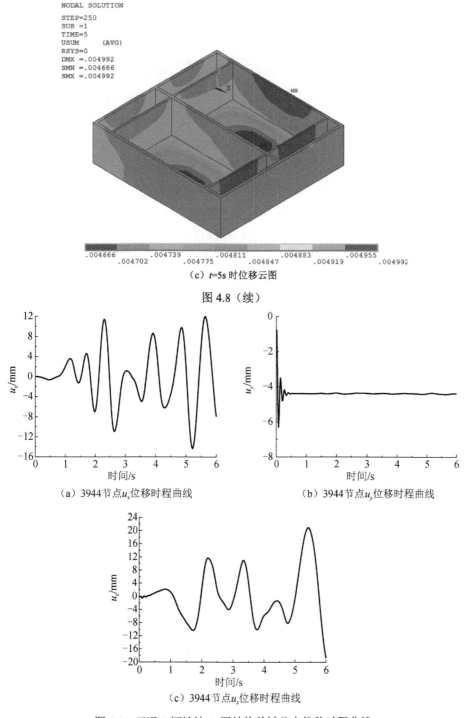

（c）t=5s 时位移云图

图 4.8（续）

（a）3944节点u_x位移时程曲线

（b）3944节点u_y位移时程曲线

（c）3944节点u_z位移时程曲线

图 4.9　工况 1 沉淀池 A 区结构关键节点位移时程曲线

2. B区动力响应分析

1）动应力

沉淀池 B 区板件在 t=1s、3s 和 5s 时的 σ_x、σ_y 和 σ_z 应力分布情况见图 4.10。

图 4.10（a）、(d) 和（g）为沿沉淀池纵向分布的 σ_x 应力云图。最大拉应力均出现在内纵墙顶部面，拉应力极值在 0.15MPa 左右，以 t=5s 时应力值稍大。最大压应力均出现在内纵墙与 A 区内横墙交界处的顶面，压应力极值为-0.12～-0.13MPa，以 t=3s 时应力值稍大。应力值区间整体偏小，未超出混凝土强度设计要求。

图 4.10（b）、(e) 和（h）为沿沉淀池竖向分布的 σ_y 应力云图。最大拉应力多出现在外纵墙与底板交界处，拉应力极值在 0.09MPa 左右，以 t=3s 时应力值稍大。最大压应力均出现在另一侧外纵墙与底板交界处内侧，压应力极值为-0.30MPa 左右，以 t=5s 时应力值稍大。应力值区间整体偏小，未超出混凝土强度设计要求。

图 4.10（c）、(f) 和（i）为沿沉淀池横向分布的 σ_z 应力云图。最大拉应力均出现在底板与中纵墙交界处的底面，拉应力极值在 0.35MPa 左右，以 t=3s 时应力值稍大。最大压应力均出现在底板与次纵墙交界处的底面，压应力极值为-0.32～-0.34MPa，以 t=3s 时应力值稍大。应力值区间整体偏小，未超出混凝土强度设计要求。

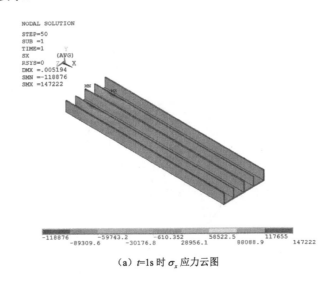

（a）t=1s 时 σ_x 应力云图

图 4.10　工况 1 沉淀池 B 区结构主要时间步各向应力云图（单位：Pa）

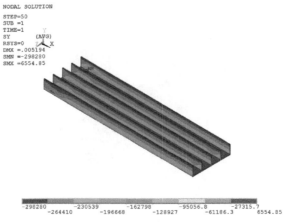

（b）t=1s 时 σ_y 应力云图

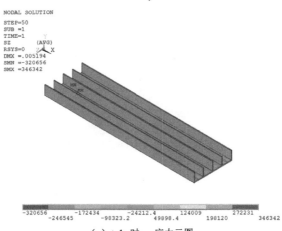

（c）t=1s 时 σ_z 应力云图

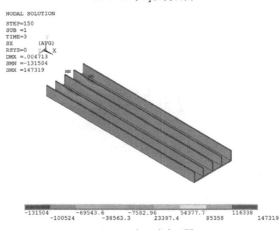

（d）t=3s 时 σ_x 应力云图

图 4.10（续）

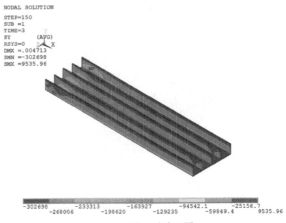

（e）t=3s 时 σ_y 应力云图

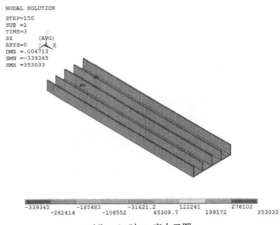

（f）t=3s 时 σ_z 应力云图

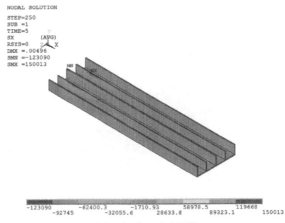

（g）t=5s 时 σ_x 应力云图

图 4.10（续）

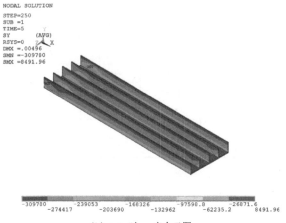

（h）t=5s 时 σ_y 应力云图

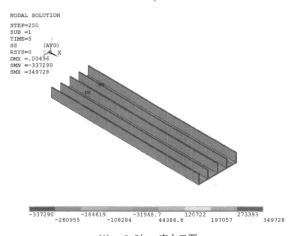

（i）t=5s 时 σ_z 应力云图

图 4.10（续）

　　根据图 4.10 各关键时间步应力云图分布情况，选定 B 区各拉、压应力极值点，并获得其 6s 加载时程内的应力极值，见表 4.6。选取表 4.6 中出现拉、压应力极值的关键节点，绘制其应力时程曲线，见图 4.11。由表 4.6 和图 4.11 知，B 区结构沿 x 向最大 σ_x 应力全时域极值约为 0.23MPa，沿 y 向最大 σ_y 应力全时域极值约为 0.009MPa，沿 z 向最大 σ_z 应力全时域极值约为 0.57MPa，普遍出现在地震波施加初期和中末期。但应力极值均较小。

表 4.6　工况 1 沉淀池 B 区结构关键节点全时域应力极值

节点编号	坐标/m			应力极值/MPa			时间点/s
	x	y	z	σ_x	σ_y	σ_z	
327	26.89	3.60	4.70	0.23			0.08

续表

节点编号	坐标/m			应力极值/MPa			时间点/s
	x	y	z	σ_x	σ_y	σ_z	
936	19.45	4.00	9.30	−0.37			5.20
470	19.45	0.00	18.50		0.009		4.80
2771	17.05	2.98	4.07		−0.14		0.08
5784	26.89	−0.40	9.30			0.57	0.08
6296	26.89	−0.40	2.50			−0.50	0.08

2）动位移

沉淀池 B 区板件在 $t=3s$、4s 和 5s 时的三向位移矢量和分布情况见图 4.12。最大位移均出现在外纵墙中部，在 $t=4s$ 时约为 10mm。针对位移最大节点 5230，绘制其位移时程曲线，见图 4.13。其 5.22s 时出现 x 向最大位移-11.8mm，0.08s 时出现 y 向最大位移-6.3mm，5.42s 时出现 z 向最大位移 20mm，z 向位移相对较大。

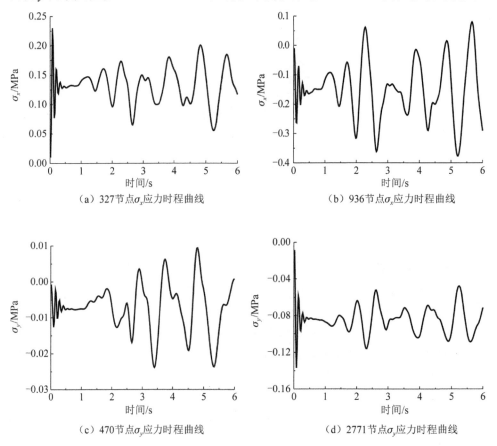

（a）327节点σ_x应力时程曲线　　（b）936节点σ_x应力时程曲线

（c）470节点σ_y应力时程曲线　　（d）2771节点σ_y应力时程曲线

图 4.11　工况 1 沉淀池 B 区结构关键节点应力时程曲线

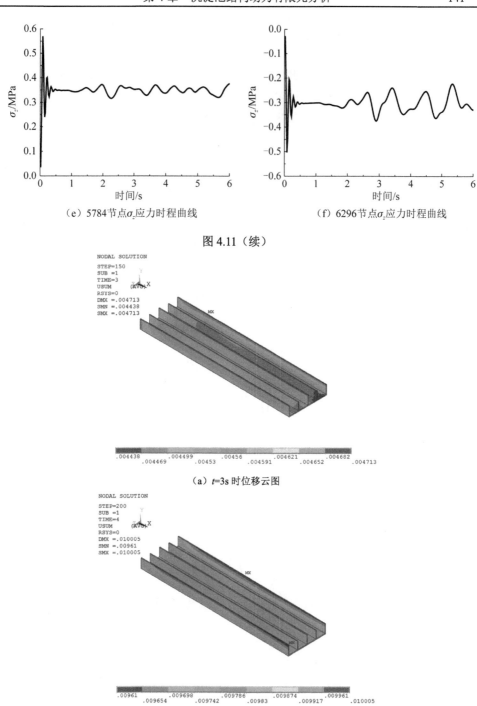

（e）5784节点σ_z应力时程曲线　　　　　（f）6296节点σ_z应力时程曲线

图 4.11（续）

（a）$t=3s$ 时位移云图

（b）$t=4s$ 时位移云图

图 4.12　工况 1 沉淀池 B 区结构主要时间步三向位移矢量和云图（单位：m）

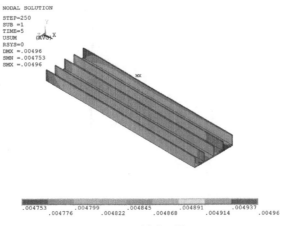

（c）t=5s 时位移云图

图 4.12（续）

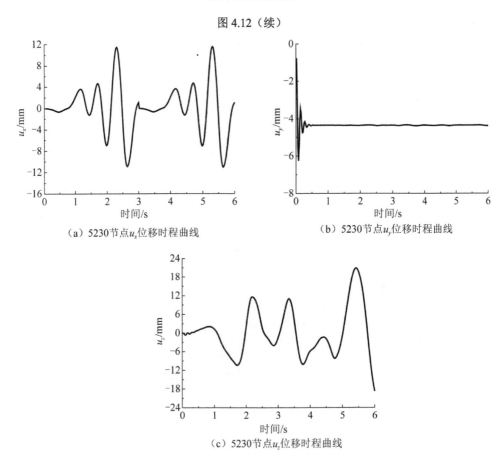

（a）5230节点u_x位移时程曲线

（b）5230节点u_y位移时程曲线

（c）5230节点u_z位移时程曲线

图 4.13　工况 1 沉淀池 B 区结构关键节点位移时程曲线

3. C 区动力响应分析

1）动应力

沉淀池 C 区板件在 t=1s、3s 和 5s 时的 σ_x、σ_y 和 σ_z 应力分布情况见图 4.14。

图 4.14（a）、（d）和（g）为沿沉淀池纵向分布的 σ_x 应力云图。最大拉应力多出现在 C 区左侧底板底面与右侧外横墙和外纵墙交界处，拉应力极值为 0.15～0.16MPa，以 t=5s 时应力值稍大。最大压应力均出现在底板与纵、横墙交界处，压应力极值为-0.30～-0.48MPa，以 t=5s 时应力值稍大。应力值区间整体偏小，未超出混凝土强度设计要求。

图 4.14（b）、（e）和（h）为沿沉淀池竖向分布的 σ_y 应力云图。最大拉应力多出现在底板与 C 区立柱交界处或外纵横墙交界处，拉应力极值为 0.02～0.05MPa，以 t=5s 时应力值稍大。最大压应力均出现在底板与 C 区立柱交界处，压应力极值为-0.49～-0.53MPa，以 t=3s 时应力值稍大。应力值区间整体偏小，未超出混凝土强度设计要求。

图 4.14（c）、（f）和（i）为沿沉淀池横向分布的 σ_z 应力云图。最大拉应力均出现在底板与外纵横墙交界处的底面，拉应力极值为 0.35～0.49MPa，以 t=5s 时应力值稍大。最大压应力均出现在底板与内纵墙交界处的顶面，压应力极值在-0.33MPa 左右，以 t=3s 时应力值稍大。应力值区间整体偏小，未超出混凝土强度设计要求。

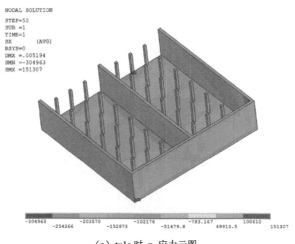

（a）t=1s 时 σ_x 应力云图

图 4.14　工况 1 沉淀池 C 区结构主要时间步各向应力云图（单位：Pa）

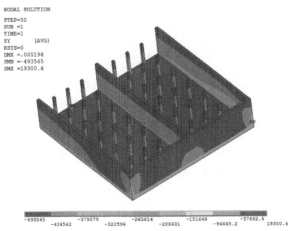

（b）t=1s 时 σ_y 应力云图

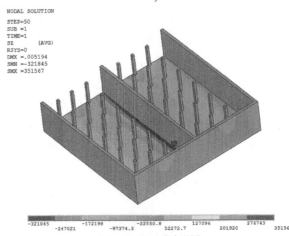

（c）t=1s 时 σ_z 应力云图

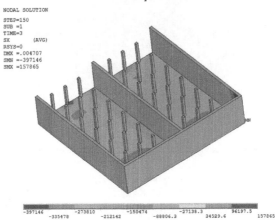

（d）t=3s 时 σ_x 应力云图

图 4.14（续）

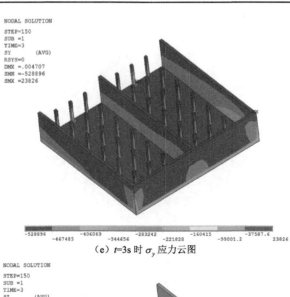

（e）t=3s 时 σ_y 应力云图

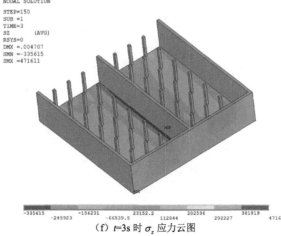

（f）t=3s 时 σ_z 应力云图

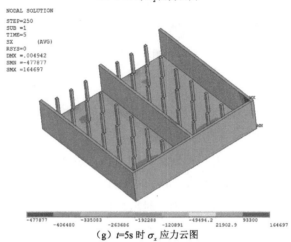

（g）t=5s 时 σ_x 应力云图

图 4.14（续）

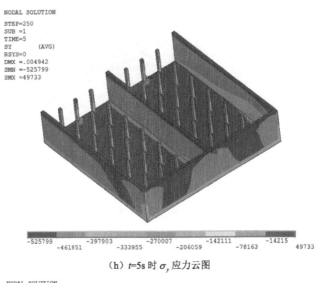

（h）t=5s 时 σ_y 应力云图

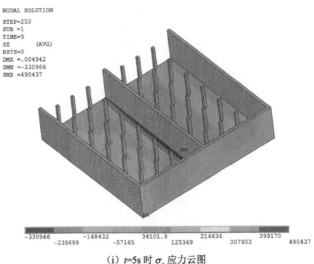

（i）t=5s 时 σ_z 应力云图

图 4.14（续）

　　根据图 4.14 各关键时间步应力云图分布情况，选定 C 区各拉、压应力极值点，并获得其 6s 加载时程内的应力极值，见表 4.7。选取表 4.7 中出现拉、压应力极值的关键节点，绘制其应力时程曲线，见图 4.15。由表 4.7 和图 4.15 知，C 区结构沿 x 向最大拉应力全时域极值 σ_x 约为 0.27MPa，沿 y 向最大拉应力全时域极值 σ_y 约为 0.04MPa，沿 z 向最大拉应力全时域极值 σ_z 约为 0.75MPa，普遍出现在地震波施加初期和末期。但应力极值均较小。

表 4.7　工况 1 沉淀池 C 区结构关键节点全时域应力极值

节点编号	坐标/m			应力极值/MPa			时间点/s
	x	y	z	σ_x	σ_y	σ_z	
6097	93.80	−0.40	14.00	0.27			5.20
705	111.75	−0.40	0.35	−0.57			5.66
1979	108.80	0.00	7.20		0.04		4.84
2276	94.10	0.20	4.70		−0.54		4.80
51	112.10	−0.40	18.85			0.75	4.84
7502	106.10	0.00	9.30			−0.50	0.08

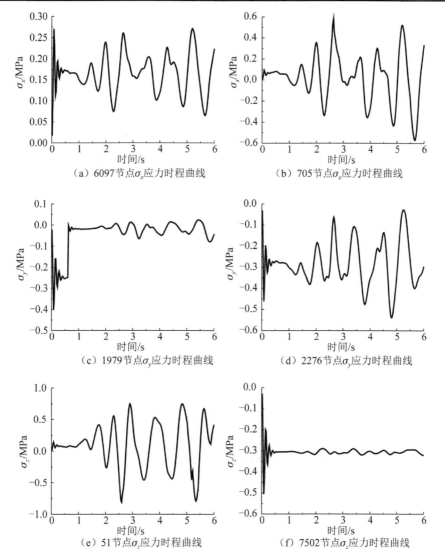

（a）6097 节点 σ_x 应力时程曲线　　　　（b）705 节点 σ_x 应力时程曲线

（c）1979 节点 σ_y 应力时程曲线　　　　（d）2276 节点 σ_y 应力时程曲线

（e）51 节点 σ_z 应力时程曲线　　　　（f）7502 节点 σ_z 应力时程曲线

图 4.15　工况 1 沉淀池 C 区结构关键节点应力时程曲线

2）动位移

沉淀池 C 区板件在 t=3s、4s 和 5s 时的三向位移矢量和分布情况见图 4.16。最大位移均出现在外纵墙左侧，在 t=4s 时约为 10mm。针对位移最大节点 6973，绘制其位移时程曲线，见图 4.17。其 5.22s 时出现 x 向最大位移 11.8mm，0.08s 时出现 y 向最大位移-6.2mm，5.42s 时出现 z 向最大位移 20.7mm，z 向位移相对较大。

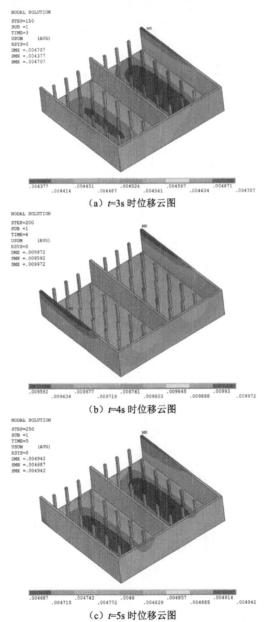

（a）t=3s 时位移云图

（b）t=4s 时位移云图

（c）t=5s 时位移云图

图 4.16　工况 1 沉淀池 C 区结构主要时间步三向位移矢量和云图（单位：m）

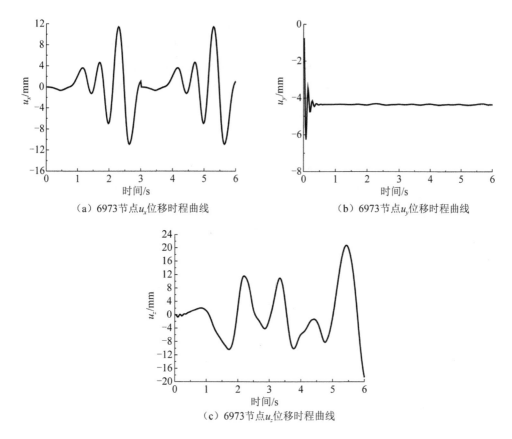

（a）6973节点u_x位移时程曲线　　　　　　　（b）6973节点u_y位移时程曲线

（c）6973节点u_z位移时程曲线

图 4.17　工况 1 沉淀池 C 区结构关键节点位移时程曲线

4.3.2　工况 2 动力响应

　　对沉淀池结构池内满水工况进行多遇地震作用下的动力时程分析。仍然考虑在基岩底部施加水平横向地震加速度与水平纵向地震加速度时程波，追踪结构全时域的动应力和动位移反应，以评价其抗震性能。

1. A 区动力响应分析

1）动应力

　　沉淀池 A 区板件在 t=1s、3s 和 5s 时的 σ_x、σ_y 和 σ_z 应力分布情况见图 4.18。

　　图 4.18（a）、（d）和（g）为沿沉淀池纵向分布的 σ_x 应力云图。最大拉应力均出现在底板与右侧内横墙交界处的底面，拉应力极值在 0.67MPa 左右，以 t=1s 时应力值稍大。最大压应力均出现在外纵墙与右侧横墙交界处，压应力极值为-0.64～-0.75MPa，以 t=3s 时应力值稍大。应力值区间整体偏小，未超出混凝土强度设计要求。

　　图 4.18（b）、（e）和（h）为沿沉淀池竖向分布的 σ_y 应力云图。最大拉应力多出现在底板与横墙交界处顶面，拉应力极值为 0.42～0.45MPa，以 t=5s 时应力值稍大。最大压应力均出现在外纵墙与左侧外横墙交界处外侧，压应力极值为-0.72～-0.93MPa，以 t=3s 时应力值稍大。应力值区间整体偏小，未超出混凝土强度设计要求。

　　图 4.18（c）、（f）和（i）为沿沉淀池横向分布的 σ_z 应力云图。最大拉应力均出现在底板与中纵墙交界处的底面，拉应力极值在 0.93MPa 左右，以 t=3s 时应力值稍大。最大压应力均出现在底板与中纵墙交界处的顶面，压应力极值为-0.79～-0.82MPa，以 t=3s 时应力值稍大。应力值区间整体偏小，未超出混凝土强度设计要求。

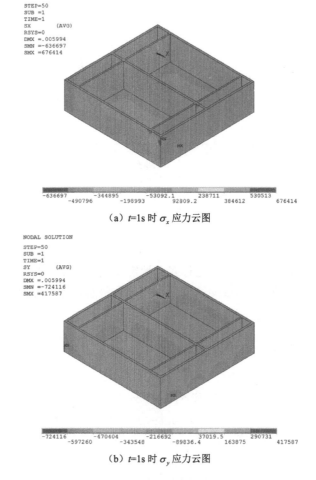

（a）t=1s 时 σ_x 应力云图

（b）t=1s 时 σ_y 应力云图

图 4.18　工况 2 沉淀池 A 区结构主要时间步各向应力云图（单位：Pa）

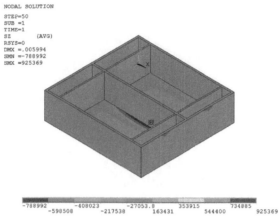

（c）$t=1$s 时 σ_z 应力云图

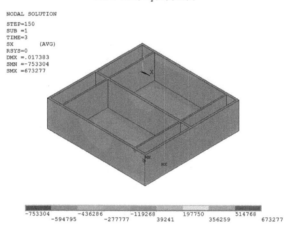

（d）$t=3$s 时 σ_x 应力云图

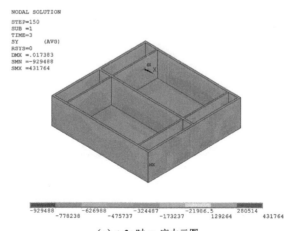

（e）$t=3$s 时 σ_y 应力云图

图 4.18（续）

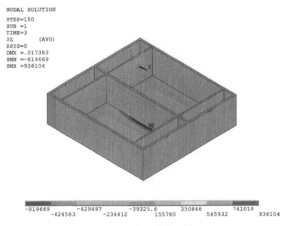

（f）t=3s 时 σ_z 应力云图

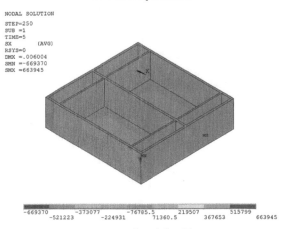

（g）t=5s 时 σ_x 应力云图

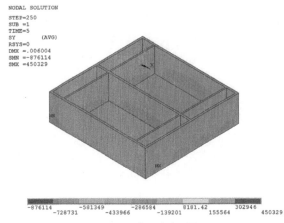

（h）t=5s 时 σ_y 应力云图

图 4.18（续）

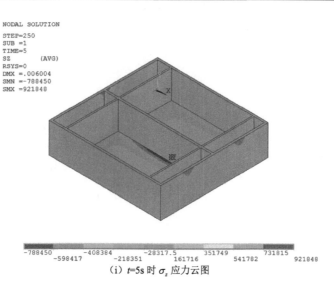

NODAL SOLUTION
STEP=250
SUB =1
TIME=5
SZ   (AVG)
RSYS=0
DMX =.006004
SMN =-788450
SMX =921848

-788450　　-408384　　-28317.5　　351749　　731815
　　-598417　　-218351　　161716　　541782　　921848

（i）t=5s 时 σ_z 应力云图

图 4.18（续）

　　根据图 4.18 各关键时间步应力云图分布情况，选定 A 区各拉、压应力极值点，并获得其 6s 加载时程内的应力极值，见表 4.8。6s 加载时程内的应力时程曲线见图 4.19。A 区结构沿 x 向最大 σ_x 应力全时域极值约为 1.09MPa，沿 y 向最大 σ_y 应力全时域极值约为 0.48MPa，沿 z 向最大 σ_z 应力全时域极值约为 1.59MPa，普遍出现在地震波施加初期。底板部分 z 向应力值较大，超出混凝土抗拉强度，需进一步优化设计。

表 4.8　工况 2 沉淀池 A 区结构关键节点全时域应力极值

节点编号	坐标/m			应力极值/MPa			时间点/s
	x	y	z	σ_x	σ_y	σ_z	
3903	17.90	-0.40	17.00	1.09			0.08
1453	19.45	3.60	18.85	-0.98			0.10
1212	19.10	0.20	16.50		0.48		0.08
486	0.00	0.20	18.85		-1.18		0.08
683	11.35	-0.40	9.65			1.59	0.10
687	11.35	-0.40	9.65			-1.31	0.10

　　2）动位移

　　沉淀池 A 区板件在 t=3s、4s 和 5s 时的三向位移矢量和分布情况见图 4.20。最大位移出现在外纵墙中部，约为 17.3mm。针对位移最大节点 41776，绘制其位移时程曲线，见图 4.21。其 5.2s 时出现 x 向最大位移-14mm，0.08s 时出现 y 向最大位移-7.9mm，3.16s 时出现 z 向最大位移 25.6mm。由于动水压力作用，此种工况下 z 向位移明显增大。

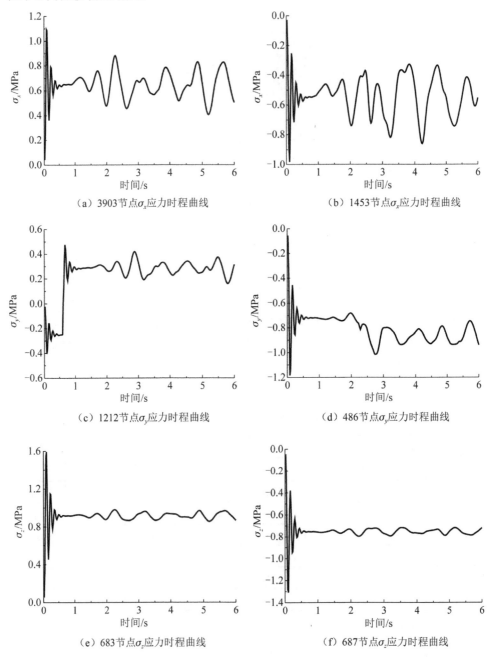

（a）3903节点σ_x应力时程曲线

（b）1453节点σ_x应力时程曲线

（c）1212节点σ_y应力时程曲线

（d）486节点σ_y应力时程曲线

（e）683节点σ_z应力时程曲线

（f）687节点σ_z应力时程曲线

图 4.19　工况 2 沉淀池 A 区结构关键节点应力时程曲线

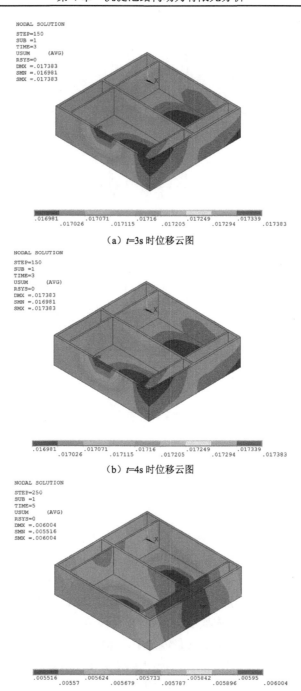

（a）t=3s 时位移云图

（b）t=4s 时位移云图

（c）t=5s 时位移云图

图 4.20　工况 2 沉淀池 A 区结构主要时间步三向位移矢量和云图（单位：m）

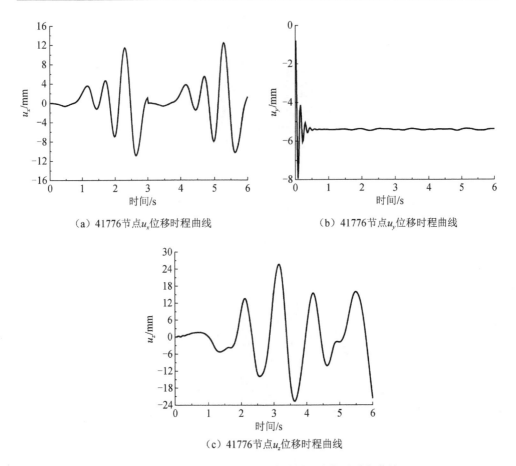

（a）41776节点u_x位移时程曲线　　　　　　（b）41776节点u_y位移时程曲线

（c）41776节点u_z位移时程曲线

图 4.21　工况 2 沉淀池 A 区结构关键节点位移时程曲线

2. B 区动力响应分析

1）动应力

沉淀池 B 区板件在 $t=1s$、3s 和 5s 时的 σ_x、σ_y 和 σ_z 应力分布情况见图 4.22。

图 4.22（a）、（d）和（g）为沿沉淀池纵向分布的 σ_x 应力云图。最大拉应力均出现在内纵墙顶面，拉应力极值为 0.33～0.36MPa，以 $t=3s$ 时应力值稍大。最大压应力均出现在内纵墙与 A 区内横墙交界处的顶面，压应力极值为-0.45～-0.49MPa，以 $t=5s$ 时应力值稍大。应力值区间整体偏小，未超出混凝土强度设计要求。

图 4.22（b）、（e）和（h）为沿沉淀池竖向分布的 σ_y 应力云图。最大拉应力多出现在外纵墙与底板交界处，其中（e）图中拉应力值最大，拉应力极值在 0.35MPa 左右，以 $t=3s$ 时应力值稍大。最大压应力均出现在另一侧外纵墙与底板交界处内侧，压应力极值在-0.62MPa 左右，以 $t=3s$ 时应力值稍大。应力值区间整体偏小，未超出混凝土强度设计要求。

　　图 4.22（c）、（f）和（i）为沿沉淀池横向分布的 σ_z 应力云图。最大拉应力均出现在底板与中纵墙交界处的底面，拉应力极值在 0.61MPa 左右，以 t=3s 时应力值稍大。最大压应力均出现在底板与次纵墙交界处的底面，压应力极值为-0.55MPa。应力值区间整体偏小，未超出混凝土强度设计要求。

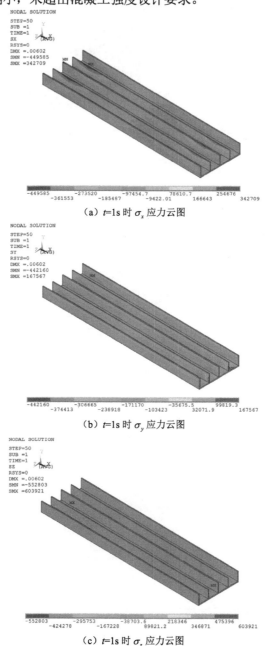

（a）t=1s 时 σ_x 应力云图

（b）t=1s 时 σ_y 应力云图

（c）t=1s 时 σ_z 应力云图

图 4.22　工况 2 沉淀池 B 区结构主要时间步各向应力云图（单位：Pa）

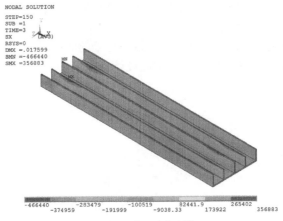

（d）t=3s 时 σ_x 应力云图

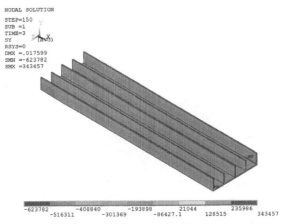

（e）t=3s 时 σ_y 应力云图

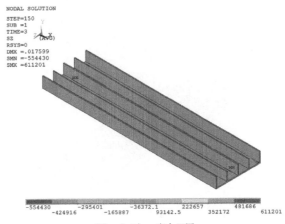

（f）t=3s 时 σ_z 应力云图

图 4.22（续）

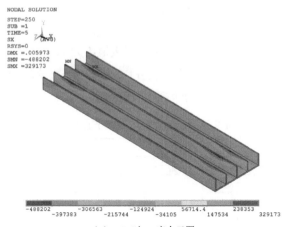

（g）t=5s 时 σ_x 应力云图

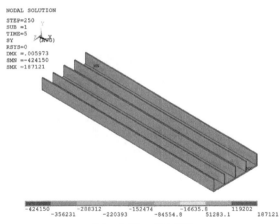

（h）t=5s 时 σ_y 应力云图

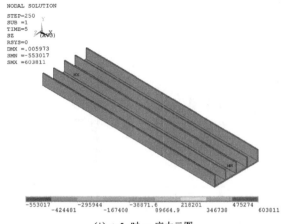

（i）t=5s 时 σ_z 应力云图

图 4.22（续）

根据图 4.22 各关键时间步应力云图分布情况，选定 B 区各拉、压应力极值点，并获得其 6s 加载时程内的应力极值，见表 4.9，6s 加载时程内的应力时程曲线见图 4.23。B 区结构沿 x 向最大 σ_x 应力全时域极值约为 0.57MPa，沿 y 向最大 σ_y 应力全时域极值约为 0.38MPa，沿 z 向最大 σ_z 应力全时域极值约为 1.01MPa，主要出现在地震波施加初期。除 z 向应力达到 1.01MPa 外，其余方向拉应力极值均较小。

表 4.9　工况 2 沉淀池 B 区结构关键节点全时域应力极值

节点编号	坐标/m			应力极值/MPa			时间点/s
	x	y	z	σ_x	σ_y	σ_z	
327	26.89	3.60	4.70	0.57			0.1
903	19.45	4.00	9.65	−0.87			0.1
371	93.80	0.20	4.70		0.38		3.62
3704	23.17	0.20	0.35		−0.54		0.08
5477	23.17	−0.40	9.30			1.01	0.08
1545	90.08	0.00	9.65			−0.86	0.10

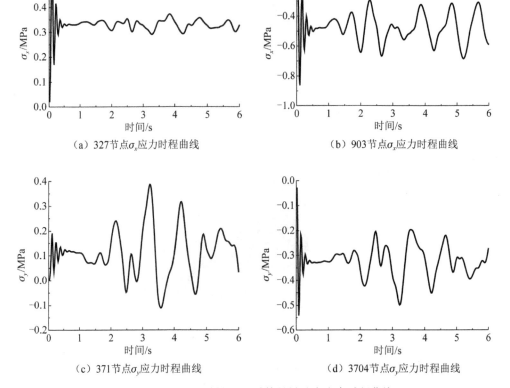

（a）327 节点 σ_x 应力时程曲线　　　　（b）903 节点 σ_x 应力时程曲线

（c）371 节点 σ_y 应力时程曲线　　　　（d）3704 节点 σ_y 应力时程曲线

图 4.23　工况 2 沉淀池 B 区结构关键节点应力时程曲线

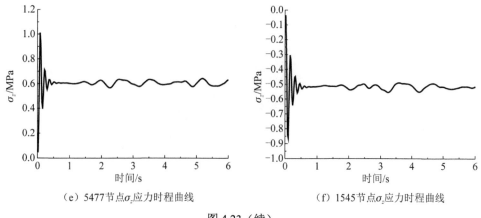

（e）5477 节点 σ_z 应力时程曲线　　　　　　（f）1545 节点 σ_z 应力时程曲线

图 4.23（续）

2）动位移

沉淀池 B 区板件在 $t=3s$、$4s$ 和 $5s$ 时的三向位移矢量和分布情况见图 4.24。最大位移均出现在纵墙端部，在 $t=3s$ 时约为 17.6mm。针对位移最大节点 4876，绘制其位移时程曲线，见图 4.25。其 5.20s 时出现 x 向最大位移 14.2mm，0.08s 时出现 y 向最大位移 -7.8mm，3.16s 时出现 z 向最大位移 27.4mm，z 向位移相对较大。

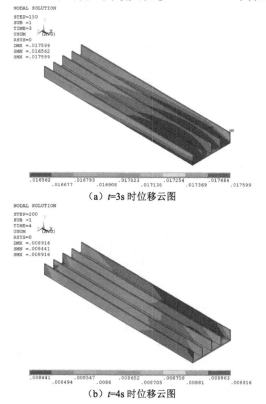

（a）$t=3s$ 时位移云图

（b）$t=4s$ 时位移云图

图 4.24　工况 2 沉淀池 B 区结构主要时间步三向位移矢量和云图（单位：m）

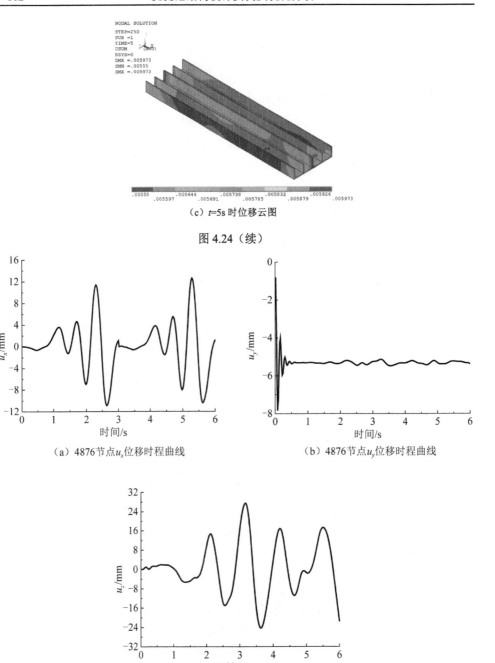

（c）t=5s 时位移云图

图 4.24（续）

（a）4876节点u_x位移时程曲线　　　　　　　　（b）4876节点u_y位移时程曲线

（c）4876节点u_z位移时程曲线

图 4.25　工况 2 沉淀池 B 区结构关键节点位移时程曲线

3．C 区动力响应分析

1）动应力

沉淀池 C 区板件在 t=1s、3s 和 5s 时的 σ_x、σ_y 和 σ_z 应力分布情况见图 4.26。

图 4.26（a）、（d）和（g）为沿沉淀池纵向分布的 σ_x 应力云图。最大拉应力多出现在 C 区左侧底板与立柱交界处，拉应力极值为 0.59～0.65MPa，以 t=5s 时应力值稍大。最大压应力均出现在内纵墙顶部，压应力极值为-0.64～-0.68MPa，以 t=3s 时应力值稍大。应力值区间整体偏小，未超出混凝土强度设计要求。

图 4.26（b）、（e）和（h）为沿沉淀池竖向分布的 σ_y 应力云图。最大拉应力多出现在底板与 C 区立柱交界处或外纵横墙交界处，拉应力极值为 0.70～0.79MPa，以 t=3s 时应力值稍大。最大压应力均出现在外纵墙与右侧外横墙交界处，压应力极值为-0.69～-0.82MPa，以 t=5s 时应力值稍大。应力值区间整体偏小，未超出混凝土强度设计要求。

图 4.26（c）、（f）和（i）为沿沉淀池横向分布的 σ_z 应力云图。最大拉应力多出现在底板与外纵横墙交界处的底面，拉应力极值为 0.40～0.62MPa，以 t=3s 时应力值稍大。最大压应力多出现在横墙与内纵墙交界处的外侧，压应力极值为-0.62～-0.74MPa，以 t=3s 时应力值稍大。应力值区间整体偏小，未超出混凝土强度设计要求。

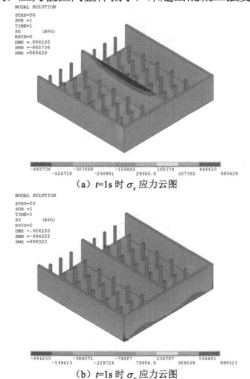

（a）t=1s 时 σ_x 应力云图

（b）t=1s 时 σ_y 应力云图

图 4.26　工况 2 沉淀池 C 区结构主要时间步各向应力云图（单位：Pa）

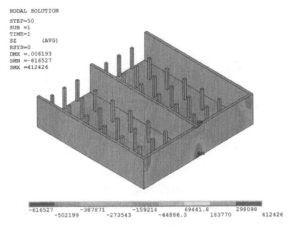

（c）t=1s 时 σ_z 应力云图

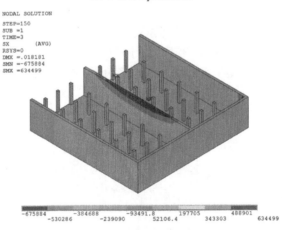

（d）t=3s 时 σ_x 应力云图

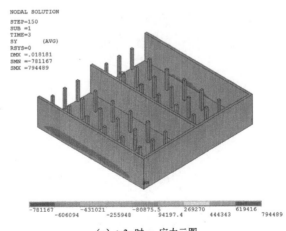

（e）t=3s 时 σ_y 应力云图

图 4.26（续）

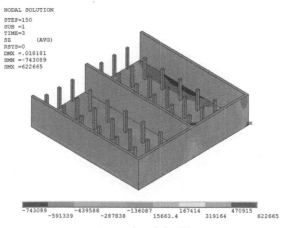

（f）*t*=3s 时 σ_z 应力云图

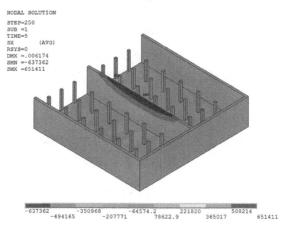

（g）*t*=5s 时 σ_x 应力云图

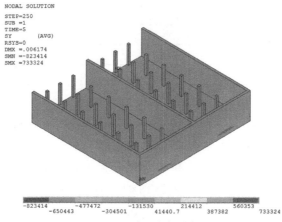

（h）*t*=5s 时 σ_y 应力云图

图 4.26（续）

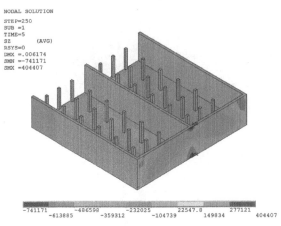

（i）$t=$5s 时 σ_z 应力云图

图 4.26（续）

根据图 4.26 各关键时间步应力云图分布情况，选定 C 区各拉、压应力极值点，并获得其 6s 加载时程内的应力极值，见表 4.10。选取表 4.10 中出现拉、压应力极值的关键节点，绘制其应力时程曲线，见图 4.27。由表 4.10 和图 4.27 知，C 区结构沿 x 向最大 σ_x 应力全时域极值约为 0.82MPa，沿 y 向最大 σ_y 应力全时域极值约为 0.41MPa，沿 z 向最大 σ_z 应力全时域极值约为 0.74MPa，多出现在地震波施加初期和末期，但数值均较小，未超出混凝土抗拉强度。

表 4.10　工况 2 沉淀池 C 区结构关键节点全时域应力极值

节点编号	坐标/m			应力极值/MPa			时间点/s
	x	y	z	σ_x	σ_y	σ_z	
368	93.80	0.00	5.00	0.82			5.20
7439	103.10	4.00	9.30	−1.27			0.10
370	93.80	0.00	4.70		0.41		0.12
56	112.10	0.20	18.85		−1.03		0.08
67	112.10	−0.40	9.30			0.74	0.10
1298	112.10	4.00	9.30			−1.51	2.28

2）动位移

沉淀池 C 区板件在 $t=$3s、4s 和 5s 时的三向位移矢量和分布情况见图 4.28。最大位移均出现在外纵墙顶部，在 $t=$3s 时约为 18.1mm。针对位移最大节点 7294，绘制其位移时程曲线，见图 4.29。其 5.20s 时出现 x 向最大位移 12.5mm，0.08s 时出现 y 向最大位移-8.0mm，3.18s 时出现 z 向最大位移 28.4mm，z 向位移相对较大。

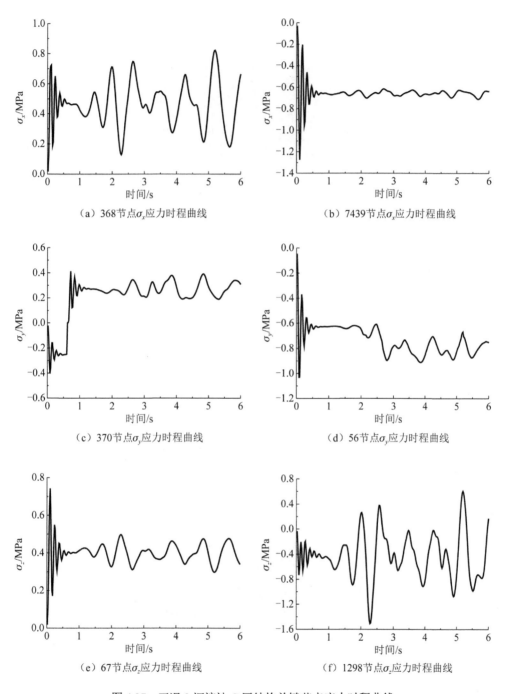

（a）368节点σx应力时程曲线　　　　　　　　（b）7439节点σx应力时程曲线

（c）370节点σy应力时程曲线　　　　　　　　（d）56节点σy应力时程曲线

（e）67节点σz应力时程曲线　　　　　　　　（f）1298节点σz应力时程曲线

图 4.27　工况 2 沉淀池 C 区结构关键节点应力时程曲线

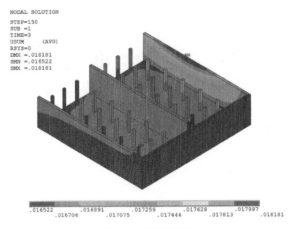

（a）*t*=3s 时位移云图

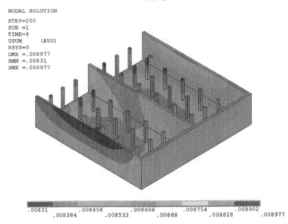

（b）*t*=4s 时位移云图

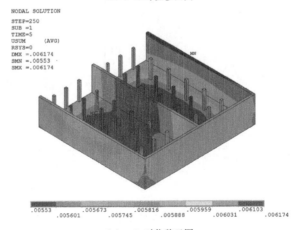

（c）*t*=5s 时位移云图

图 4.28　工况 2 沉淀池 C 区结构主要时间步三向位移矢量和云图（单位：m）

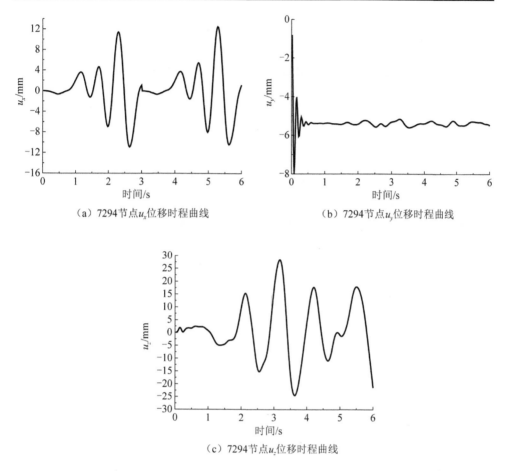

（a）7294 节点 u_x 位移时程曲线　　　　　　（b）7294 节点 u_y 位移时程曲线

（c）7294 节点 u_z 位移时程曲线

图 4.29　工况 2 沉淀池 C 区结构关键节点位移时程曲线

4.4　多工况动力分析结果对比

本节对沉淀池在多遇地震作用下无水工况和三池有水工况时的动应力和动位移反应进行了分析，其结果如下。

4.4.1　应力分析结果

对于工况 1，A 区板件 σ_x 和 σ_z 拉应力极值相对偏大，分别为 0.52MPa 和 0.49MPa；B 区板件 σ_z 拉应力极值约为 0.57MPa；C 区板件 σ_z 拉应力极值约为 0.75MPa；各区压应力极值均不超出-0.84MPa。池内无水时，结构动应力相对较小，结构可安全使用。

对于工况 2，A 区板件 σ_x 和 σ_z 拉应力极值相对偏大，分别为 1.09MPa 和

1.59MPa，底板处 z 向应力超出混凝土设计强度；B 区板件 σ_z 拉应力极值约为1.01MPa；C 区板件 σ_x 和 σ_z 拉应力极值相对偏大，分别为 0.82MPa 和 0.74MPa；各区压应力极值均不超出-1.51MPa。池内满水时，结构底板动力响应较显著，需优化其结构设计。

4.4.2　变形分析结果

对于工况 1，三向位移矢量和最大点位于外纵墙。其中，A 区位移最大点处，其 z 向变形量约为 20.1mm；B 区位移最大点处，其 z 向变形量约为 20mm；C 区位移最大点处，其 z 向变形量约为 20.7mm。

对于工况 2，三向位移矢量和最大点亦位于外纵墙。其中，A 区位移最大点处，其 z 向变形量约为 25.6mm；B 区位移最大点处，其 z 向变形量约为 27.4mm；C 区位移最大点处，其 z 向变形量约为 28.4mm。在动水压力作用下，结构变形量明显增大。

第5章 结构优化设计

综合第 3 章静力分析结果和第 4 章动力分析结果,外纵墙、外横墙及底板均存在混凝土抗拉强度超限、结构验算不满足要求的问题。故考虑通过调整主要板件用钢量、混凝土强度和增设辅助结构等方式对沉淀池结构进行优化设计。

基于结构原有设计方案,考虑采用 C40 混凝土和 HRB400 级钢筋。

C40 混凝土:$f_t = 1.71\text{MPa}$,$f_c = 19.1\text{MPa}$。

HRB400 级钢筋:$f_y = 360\text{MPa}$。

结构底板较厚,主要配置直径为 22mm、间距为 100mm 的双层双向钢筋;各分区主要纵墙和横墙主要配置直径为 20mm、间距为 100mm 的双层双向钢筋。在各区满水且均达最高设计水位工况下,对结构开展静力和动力分析。

图 5.1 为对优化结构的静力分析结果。结构 A 区外纵墙有极小区域 σ_x 拉应力达 1.87MPa 以上。结构 B 区外纵墙根部有长线条带 σ_y 拉应力达 1.99MPa 以上。结构 A 区底板的极小区域及 B、C 区底板的极狭窄条带 σ_z 拉应力达 1.88MPa 以上。应力超限区域相比原有设计方案工况 2 下的计算结果明显缩小。结构三向位移矢量和在 A 区纵墙中央仅为 5.4mm,比原有设计方案工况 2 下 13mm 的位移量缩小了 50%之多。

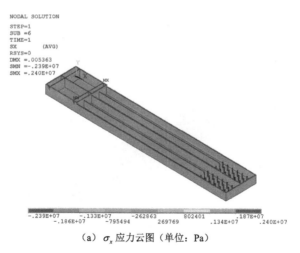

(a) σ_x 应力云图(单位:Pa)

图 5.1 静力作用下优化结构各向应力及位移云图

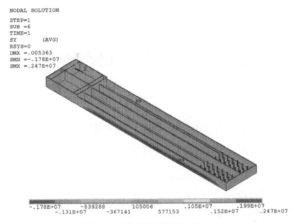

（b）σ_y 应力云图（单位：Pa）

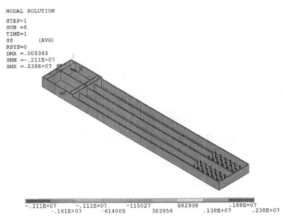

（c）σ_z 应力云图（单位：Pa）

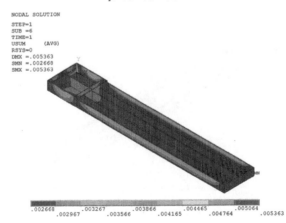

（d）三向位移矢量和云图（单位：m）

图 5.1（续）

图 5.2 为对优化结构 5s 时程的动力分析结果。结构 C 区外纵墙与底板相交角部有极小区域拉应力 σ_x 达 1.10MPa。结构 B 区内纵墙与底板相交处拉应力 σ_y 达 0.90MPa。结构 C 区外横墙与内纵墙相交区域拉应力 σ_z 达 0.76MPa。应力超限区域相比原有设计方案工况 2 下的计算结果明显缩小，且均未超出混凝土抗拉强度设计。结构三向位移矢量和在 C 区外墙顶部约为 7.0mm，比原有设计方案工况 2 下 13mm 的位移量缩小了近 50%。

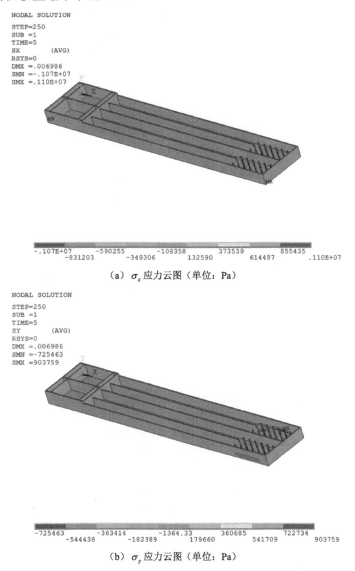

（a）σ_x 应力云图（单位：Pa）

（b）σ_y 应力云图（单位：Pa）

图 5.2　动力作用下优化结构各向应力及位移云图

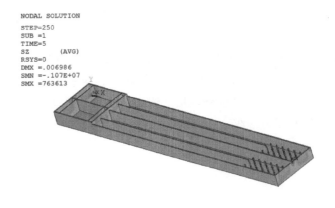

（c）σ_z 应力云图（单位：Pa）

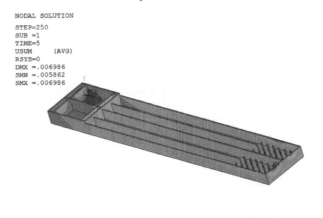

（d）三向位移矢量和云图（单位：m）

图 5.2（续）

　　经对比分析，优化结构各向应力超限区域缩小，位移量大幅度下降，整体受力及变形性能均有明显改善。在受拉应力较大的局部区域，如外纵墙与底板衔接处，可考虑做加腋处理，增大板件在弯矩较大位置的受力面积；或考虑沿纵墙延伸方向按照一定间距设置内侧扶壁柱，以改善板件约束条件，提高其局部抗弯刚度。采用上述优化措施后，结构可具备充足的承载和变形性能。

第6章　总结与展望

6.1　总　　结

本书依托某平流式沉淀池结构，确立其结构设计方案，并借助有限元分析手段对其静、动力性能开展研究，获得了结构在常规静力荷载和多遇地震荷载作用下的受力及变形规律，并建议通过调整材料性能、配筋量、截面组成等方法，对结构进行优化设计，实践了通过有限元模拟校验及优化结构方案的路径。具体结论如下。

6.1.1　多工况静力分析结果对比

针对沉淀池整体结构而言，工况 1 为无水工况，工况 2 为各池均有水工况，工况 3 和工况 4 为部分池有水工况。

对于工况 2，A 区结构在静水压力作用下，在外纵墙与内横墙交界处内侧 x 向拉应力达 2.37MPa；左侧外横墙与底板交界处 y 向拉应力约为 1.84MPa；底板左侧外横墙与内纵墙交界处 z 向拉应力约为 1.91MPa；三向拉应力峰值均超出混凝土抗拉强度，为避免混凝土发生受拉破坏，需加强外纵墙 x 向配筋及左端外横墙 y、z 向配筋。B 区结构在外纵墙与底板交界处内侧 y 向应力约为 2.11MPa；底板与外纵墙交界处的顶面 z 向应力约为 2.11MPa；y、z 向拉应力峰值均超出混凝土抗拉强度；需加强外纵墙 y 向配筋及底板 z 向配筋。C 区结构在外纵墙与右侧外横墙交角内侧 x 向应力约为 1.86MPa；外纵墙与底板交界处内侧 y 向应力约为 1.61MPa；底板与外纵墙交界处的顶面 z 向应力约为 2.09MPa；需加强外纵墙 x、y 向配筋及底板 z 向配筋。

对于工况 3，A 区有水，其结构在内横墙与外纵墙交界处内侧 x 向应力约为 2.50MPa；左侧外横墙与底板交界处 y 向拉应力约为 1.84MPa；左侧外横墙与内纵墙交界处 z 向拉应力约为 1.88MPa；三向拉应力峰值均超出混凝土抗拉强度，且 x 向应力略高出工况 2；需加强外纵墙 x 向配筋及左端外横墙 y、z 向配筋。

对于工况 4，B 区有水，其底板与外纵墙交界处的顶面 z 向最大拉应力约为 2.17MPa，超出混凝土抗拉强度；需加强底板沿 z 向配筋。C 区有水，其应力分布情况及应力峰值同工况 2；也需加强外纵墙 x、y 向配筋及底板 z 向配筋。

对于工况 1，现有配筋已满足受力要求。

总体来说，有水工况结构各向应力明显高于无水工况，需对各板块多向受拉钢筋加强处理。

针对沉淀池整体结构而言，有水工况结构各向变形量明显高于无水工况。结构各区沿 x 向位移量极小。各区竖向位移均在 5mm 以上。B 区和 C 区因外纵墙较长，支承端距离远，在静水压力作用下沿 z 向位移普遍超过 10mm。但总体变形量仍在规范允许范围内。

6.1.2　多工况动力分析结果对比

对沉淀池在多遇地震作用下各池无水工况 1 和各池有水工况 2 时的动应力和动位移反应进行了分析。

对于工况 1，结构动应力相对较小，结构可安全使用。

对于工况 2，A 区板件 σ_z 拉应力极值相对偏大，为 1.59MPa；B、C 区板件应力极值均不超出 1.01MPa。池内满水时，结构底板动力响应较显著，需优化其结构设计。

对于工况 1 和工况 2，三向位移矢量和最大点均位于外纵墙。工况 1 中 C 区位移最大点处，其 z 向变形量约为 20.7mm。工况 2 中 C 区位移最大点处，其 z 向变形量约为 28.4mm。在动水压力作用下，结构变形量明显增大。

6.1.3　优化设计结果

综合静、动力分析结果，外纵墙、外横墙及底板均存在混凝土抗拉强度超限、结构验算结果不满足要求的问题。故考虑通过调整主要板件用钢量、混凝土强度和增设辅助结构等方式对沉淀池结构进行优化设计。

基于结构原有设计方案，考虑采用 C40 混凝土和 HRB400 级钢筋，结构底板主要配置直径为 22mm、间距为 100mm 的双层双向钢筋；各分区主要纵墙和横墙主要配置直径为 20mm、间距为 100mm 的双层双向钢筋。在各区满水且均达最高设计水位工况下，对结构开展静力和动力分析。静力状态下，结构 A 区外纵墙有极小区域 σ_x 拉应力达 1.87MPa 以上，结构 B 区外纵墙根部有长线条带 σ_y 拉应力达 1.99MPa 以上。结构 A 区底板的极小区域及 B、C 区底板的极狭窄条带 σ_z 拉应力达 1.88MPa 以上。应力超限区域相比原有设计方案工况 2 下的计算结果明显缩小。结构三向位移矢量和比原有设计方案工况 2 下位移量缩小 50% 之多。动力状态下，结构应力超限区域相比原有设计方案工况 2 下的计算结果明显缩小，且均未超出混凝土抗拉强度设计。结构三向位移矢量和比原有设计方案工况 2 下位移量缩小近 50%。

采用优化措施后，结构各向应力超限区域缩小，位移量大幅度下降，整体受力及变形性能均有明显改善，说明调整材料性能和配筋量对结构有明显的优化效用。同时，在受拉应力较大的局部区域，可考虑做加腋处理，或考虑沿纵墙延伸方向按照一定间距设置内侧扶壁柱，以改善板件约束条件，提高其局部抗弯刚度。

6.2　展　　望

沉淀池结构是净水系统工程中单体量最大的实体，其工作性能的安全性是保障整个供水系统正常运行的关键。它以各向延展板件为主要构件，虽然构件种类单一，但尺寸巨大，且受到多种蓄水工况影响，易在板件交界处及狭长板带中央形成受力及变形危险区，对结构的长期稳定使用构成威胁。除了在常规荷载及设计地震动下可对结构进行受力及变形分析外，还可借助有限元手段考虑更复杂的储水工况、结构构造、温度效应及罕遇地震作用对结构的影响，以方便做出更全面可靠的优化方案。故尚可在以下方面做进一步探讨：

（1）考虑池内水体的最不利布置情况，建立相当数量的力学模型，拓展模型研究的深度和广度。

（2）对大体量混凝土储水结构的伸缩节构造进行精细化模拟，考虑伸缩节对储水池结构受力性能的影响。

（3）对于大体量混凝土结构，纳入温度效应对结构的影响。

（4）针对结构在罕遇地震下的动力性能进行深入探讨，结合混凝土材料非线性性能，追踪结构在大震下混凝土的破坏及损伤情况。

参 考 文 献

陈明样，2017. 弹塑性力学[M]. 北京：科学出版社.

贺卫宁，陆先镭，胡远来，2013. 平流沉淀池前配水渠流态的数值模拟[J]. 中国给水排水，29（7）：56-58.

胡聿贤，1988. 地震工程学[M]. 北京：地震出版社.

李睿，张维秀，尹振武，2018. 沉淀池无缝设计[J]. 化工设计（1）：38-40.

李雨阳，周克钊，邓钦祖，等，2018. 多层平板单元组合沉淀池的三维两相流数值模拟[J]. 中国给水排水（7）：60-64.

李遇春，楼梦麟，2000. 强震下流体对渡槽槽身的作用[J]. 水利学报（3）：46-52.

刘凤凯，张永丽，李方才，2014. 竖流式二沉池的数值模拟与分析[J]. 中国农村水利水电（2）：75-78.

刘浩，2014. ANSYS 15.0 有限元分析从入门到精通[M]. 北京：机械工业出版社.

涂朦朦，2014. 水温对二沉池运行影响的数值模拟[D]. 长沙：湖南大学.

王慧，李晓克，赵顺波，2011. 复杂地质条件下大型箱型倒虹吸动力响应研究[J]. 水力发电，37（7）：19-22.

王慧，李晓克，赵顺波，2011. 基于 Newmark 积分法的预应力混凝土倒虹吸动力响应研究[J]. 混凝土（10）：37-40.

魏文礼，白朝伟，蔡亚希，2015. 温度对辐流式沉淀池水力特性影响的二维数值模拟[J]. 应用力学学报，32（5）：788-793.

魏文礼，蔡亚希，刘玉玲，2016. 温差对辐流式沉淀池水力特性影响的数值模拟[J]. 武汉大学学报（工学版），49（1）：9-15.

徐长贺，谭立新，杨欢，等，2017. 考虑絮凝作用的辐流式二次沉淀池的三维数值模拟[J]. 水资源与水工程学报，28（1）：157-162.

曾森，王焕定，陈再现，2016. 有限单元法基础及 MATLAB 编程[M]. 3 版. 北京：高等教育出版社.

张玉峰，2008. 建筑结构抗震设计[M]. 北京：中国建筑工业出版社.

中国工程建设标准化协会贮藏构筑物委员会，2003. 给水排水工程钢筋混凝土水池结构设计规程：CECS 138：2002[S]. 北京：中国建筑工业出版社.

中华人民共和国住房和城乡建设部，2012. 建筑结构荷载规范：GB 50009—2012[S]. 北京：中国建筑工业出版社.

中华人民共和国住房和城乡建设部，2016. 建筑抗震设计规范（2016 年版）：GB 50011—2010[S]. 北京：中国建筑工业出版社.

中华人民共和国住房和城乡建设部，2022. 城市给水工程项目规范：GB 55026—2022[S]. 北京：中国建筑工业出版社.

BURMAN A, NAYAK P, AGRAWAL P, et al., 2012. Coupled gravity dam-foundation analysis using a simplified direct method of soil-structure interaction[J]. Soil Dynamics and Earthquake Engineering, 34(1): 62-68.

WU Y, MO H H, YANG C, 2006. Study on dynamic performance of a three-dimensional high frame supported U-shaped aqueduct[J]. Engineering Structures, 28 (3): 372-380.